信頼の技術で勝つ！

防菌・防カビ

ビジネスの成功戦略

株式会社モルテック
吉田政司

幻冬舎 MC

信頼の技術で勝つ！

防菌・防カビ
ビジネスの成功戦略

はじめに

私、吉田政司が防カビをはじめとする対微生物災害の仕事に本格的に乗り出したのは、今から半世紀も前になる1970年代後半のことでした。それ以前は静岡県の伊東で自動車工場2カ所と、ガソリンスタンド2軒を所有する会社を経営。まずまず順調だったにもかかわらず、突然、自動車のプラグを触るのもイヤになって、工場とスタンドは一部を知人に売り、残りを弟に経営譲渡すると、まったく畑違いの輸入材のダニ対策事業に手を着けたのが、この業界へ飛び込んだ初めの一歩です。

もともと父親が建設関係の仕事をしており、大工の真似ごとくらいはできましたので、第1次オイルショック直前でピークを迎えていた住宅建設の需要を見越し、燻蒸やホルマリン使用による防ダニ加工に参入。当時はまだ化学物質によるシックハウス症候群が問題になっておらず、もちろんカビなどの生物が原因の健康問題に注目する人もありません。会社のほうはその後、リフォーム事業にも乗り出しましたが、その矢先のある日、地元で付き合いのあった銀行の支店長に次のように言われたのです。

「吉田さん、あなたにしかできない仕事がある」

当時、伊東を中心にした伊豆一帯には旅館や別荘がどんどん増えていましたが、そうしたなかで新築の建物の内部にカビが発生し、その対策がまるでわからず、多くの人が困っているというのです。そうした旅館経営者や別荘オーナーたちの相談を受けた支店長は、防ダニやリフォームを手掛けている私のことを思い出し、藁にもすがる気持ちで話をもちかけてきたというわけでした。

しかし、その頃の私どもはカビに関してはまったくの未経験。それでも何らかのカビに効く薬を使えば、被害は食い止められるはずと、まずは情報収集したものの、後の「カビキラー」や「カビハイター」といった除カビ剤すら市場にはない時代で、長期にわたって防カビ効果のある製品など、どこを探しても見つかりません。どうしたらいいものかと悩んでいた折も折、出会ったのが『建物のカビ　その発生と処理方法』（日本建築士会連合会、1979年）と題する一冊の本でした。

著者の井上真由美先生は、民間企業で抗生物質の研究に従事、その後は防衛庁技術研究本部の研究所で長く微生物を研究され、「微生物災害」という言葉を初めてお使いになった文字通りの第一人者です。この人に会って教えを乞おうと、１９８０年4月の初め、所長を務めておられた井上微生物災害研究所へ押しかけるように弟子入り。先生のもとに集まったカビ対策の〝一期生〟となる面々と、一から勉強をすることになりました。この時期は、73年に藤野恒三郎先生、井上先生らが中心となって設立された「防菌防黴学会」が「日本防菌防黴学会」に改組改名される（75年）など、まさに日本のカビ対策の〝夜明け〟であり、私どもも「株式会社モルテック」の前身となる「サン防カビ研究所」を設立して、現在につながる新たな歩みを始めます。

当時は、カビ研究と対策といっても、各大学の農学部や農業大学に菌類の研究室はあるものの、カビや菌の種類がどれほどあるかについてもまったく見当がつかず、ましてやこれを退治するための方法などまったくわからない状況です。公的機関にしたところで、地域の衛生を扱う保健所にはそもそも微生物災害に対処する窓口が存在せず（今もですが）、被害に直面した人や現場が個々に四苦八苦していました。

そんななか、私どもの歩みにしてもゼロからの出発であり、除カビや防カビのための商品の試作を繰り返しつつ、現場や研究室で試行錯誤を繰り返す日々が続きます。当初は失敗の連続でしたが、それでも研究を諦めなかったのは、10歳上の兄の友人だった東京大学医科学研究所附属病院副院長（当時）の大谷杉士先生の――

「これからは、微生物に関する技術がますます重要になる」

という お言葉に接したからのこと。会社を始めたばかりの頃、伊東にあった私の家を訪ねてくださった折にうかがったこの言葉が、以後50年におよぶカビや菌との戦いを支えてくれたと思っています。

そして研究3年目に入った1982年、試行錯誤の末に生まれたひとつの成果が後述する「耐久性防カビ方法」であり、このときに出願した特許は私どもの技術の根本となりました。その後も、独自の着眼点から生まれた各種商品「カビサール」「モルシール」などの除カビ・防カビ剤などは、現在、微生物災害の被害に直面する皆さんにとって、欠かせない武器に――自社にとっても、他社との差別化とコアコンピタンスをつくり出し、最大の強みとして今も製品開発に活かされています。

そして今や、日本各地の温泉や水施設などで大きな問題となっているレジオネラ菌による健康被害。命を失うことも少なくないレジオネラ症の被害を防ぐことができる除菌剤「モルキラーMZ」の技術はまさに命を守る技術であり、社会に対する大きな貢献と自負するところです。

「微生物災害をなくす」――私どもモルテックでは、この基本的な考え方を40年以上も変わらず掲げ続け、幸いにも、その成長の過程で多くの協力業者の皆さんのお力を得ることができました。全国各地で、私どもの工法を用い、製品を活用し、これを広めてくださっているこうした仲間の存在は、かけがえのない宝です。そして、そんな仲間がこれからもどんどん増えていくことこそ、業界全体の活性化につながり、ひいてはカビや細菌による微生物災害を撲滅することになるでしょう。

本書を通じ、対微生物市場の大きな可能性を発見していただき、ひとりでも多くの方が大きな輪に加わってくださることこそ、私どもの何よりの喜びに他なりません。

2024年6月

吉田政司

目次

第2章　広がりゆく、カビ対策ビジネスの〝主戦場〟

第3章　対カビ戦争、完全勝利の2大戦略

第4章　対レジオネラ菌、新たな〝切り札〟はこれだ

第5章　カビとの出会い　実際に取り組む一人の足跡

資料

第１章

いよいよ高まる〝微生物災害〟のリスク

またも繰り返された、レジオネラ菌による悲劇

3年におよぶコロナ禍に明るい光が見え始めた2023年の春、何ともやり切れないニュースが一部の新聞、ニュースなどで取り上げられました。

「3月12日、福岡県筑紫野市二日市温泉にある老舗旅館「大丸別荘」運営会社の前社長、自殺遺体で発見！」

この報道に接したとき、私は「ああ、この人もまたレジオネラ菌の被害者のひとりかもしれない」と痛切に感じたものです。

同旅館は、日本最古の歌集『万葉集』にも登場する由緒ある二日市温泉でも指折りの老舗として知られ、創業は江戸時代後半の1865年。敷地6500坪に客室数は41、自慢の大浴場は男女とも100坪で、過去には昭和天皇もご宿泊された、温泉ファンからは〝あこがれの宿〟でもありました。

そんな名門温泉旅館の経営者が、なぜ自殺せざるを得なかったのでしょうか？

きっかけは、前年２０２２年8月に福岡県外でレジオネラ症の患者が確認されたことでした。その患者への調査によって直近に「大丸別荘」の利用が確認され、報告を受けた福岡県による立ち入り検査で基準値の2倍のレジオネラ菌が検出。ただ、このときは「大丸別荘が原因と特定されず」という灰色の判断がくだされ、旅館側も過去3年保管義務のある管理記録を示して「湯交換、（消毒のための）塩素注入は適正だった」との主張をしたことから、事態はいったんの決着を見たかに思えました。

ところが、11月に入っての保健所による抜き打ち検査により、レジオネラ菌が基準値の最大３７００倍という驚くほどの結果が出たことで、同旅館への疑惑は決定的なものになります。このときの検査では塩素の濃度も基準値を下回り、さらに県の公衆浴場設置条例で「1週間に1回以上完全に交換」と定められている湯交換が、２０１９年以降は1年間に2回の休業日のみという事態も発覚し、急遽、前社長が釈明の会見を開く事態になりました。

が、この会見の席上、社長自身の「レジオネラ菌云々で、特別、訴えというか、お客様からの声がなかったので、かなり安易に考えていた」「仮に亡くなることになっても、今のコロナではないが、もともと、基礎疾患があるとか、たまたま、きっかけと言ったらいかんでしょうが、そんな捉え方をしていた」との不用意な発言が反発を招き、全国から殺到する抗議に前社長は辞任。その後、県による刑事告発で警察による公衆浴場法違反（虚偽申告）容疑の家宅捜索が行われ、前社長自身への任意の事情聴取が行われていたさなか、本人の遺体が遺書とともに発見されるに至ったのです。

この自殺を受けて、マスコミやネット上ではさまざまな見解が述べられました。いわく「ネットによるリンチが前社長を追い込んだ」「いや、問題はマスコミの報道にある」「警察の捜査が拙速だった」などなど。そんななかでも「結局は無能な前社長の自業自得、仕方がない」という意見には根強いものがあったようです。そこには、温泉旅館という庶民にとってのささやかな贅沢、娯楽の場に思いがけぬ健康リスクが潜んでいたことへの驚きと恐怖、そして怒りがあったのは間違いありません。

確かに、前社長は条例違反に明らかな温泉管理のずさんさ、それ以前にレジオネラ菌に対する無知など、経営者として指弾されるべき点は多々あったように思います。しかし、私はこの前社長だけを責めて終わりということでは断じてないと、強い危惧をいだいています。なぜなら、現状の「定期的な湯交換」と「塩素消毒」という方法は、そもそもレジオネラ菌対策として誤ったものであり、そうした見当違いのやり方が続いていく限りにおいて、温泉施設におけるレジオネラ症感染のリスクは一向に減ることがなく、今回の「大丸別荘」と同じ事態は日本中のどの温泉地、温泉旅館、さらにはスーパー銭湯、そして恐ろしいことに皆さんのご自宅のバスルームでも起こり得るからです（実際、この事件の後も各地では散発的にレジオネラ症の感染が報告されています）。

誤ったまま続いてきた、国のレジオネラ対策

レジオネラ菌というのは、正式にはレジオネラ属菌といい、レジオネラ科レジオネラ属に属する約60菌種の総称です。河川や湖沼などの自然水系や土壌中にふつうに棲息しており、温泉やプールなどの人工環境水でも20℃以上で停滞しやすい状況で広く

分布。実際には自然環境からの検出率は低く、人工的に造られた水環境（温泉施設、旅館、公衆浴場、スポーツジムなどの他、ビル空調の冷却塔、給水タンクなど）から高頻度で検出されます。培地で培養しなければ、肉眼で見ることはできませんが、大量に存在してコロニーを形成（35℃以上で5～7日間）すると、乳白色、ふぞろいの円形で特有の酸臭を発するのが特徴です。

いわゆる「レジオネラ症」（感染症法の四類感染症）は、この菌に汚染されたエアロゾル（細かな霧やしぶき）を吸入することにより発症し、全身のだるさ、疲労、頭痛、食欲不振、筋肉痛など風邪に似た症状を示す他、最悪の場合は肺炎を引き起こし、致死率はおよそ5～10％という怖い病気です。日本におけるｃｏｖｉｄ-19の致死率が最も高い時期で3％前後（年齢や慢性疾患の有無で増減）だったことを考えると、人から人への感染がないとはいえ、その恐ろしさを知らなかった（軽く見ていた）前社長は、温泉施設の経営者として不勉強というしかありません。菌自体が発見されたのは1976年、アメリカはフィラデルフィアの在郷軍人会（Legion）で集団肺炎が発生したのがきっかけで、レジオネラ（Legionella）と命名。今では全世界に広まり、常識的な感染症となっています。

直接に自然の土壌と接する可能性の高い、かつての露天風呂ならばいざ知らず、露天風呂でも屋内同様の衛生状況を確保している現在の温泉が、どこからレジオネラ菌に汚染されるのでしょうか？　その経路は十分に明らかにはなっていませんが、主たる原因は濾過装置にあるというのが専門家に共通の見解で、私もその可能性が大きいと見ています。

すなわち、わが国の温泉施設では源泉かけ流しの割合は約30％で、それ以外の施設では循環濾過方式を採用。これは施設の大型化に応じて常に一定の湯量を確保し、温泉資源を保護する意味でもやむを得ないことと思いますが、この濾過装置のフィルターにアメーバなどの原生動物、藻類や耐塩素細菌が繁殖して生物膜（＝バイオフィルム　詳しくは後述）を形成し、そこにレジオネラ菌が発生するのが大きな問題です。つまり、生物膜に守られるかたちでレジオネラ菌が増殖するため、本来なら濾過によってきれいになるはずの温泉水がかえって菌に汚染されてしまうのです。

当然、そこには汚染防止の必要があり、所管官庁である厚生労働省も「レジオネラ症防止指針」によって温泉施設への定期的な湯交換と塩素を主とした消毒の義務を課していますが、例にあげた「大丸別荘」をはじめとして、十分な成果があがっているとは言えません。それは前述のように、現状のやり方が対策として明らかに誤っているからです。

では、どこが誤っているのか？　まずは、これまでのレジオネラ対策のおおまかな流れを振り返ることから考えていきましょう。

これまでにも、国や地方自治体などによるレジオネラ症を防止するための行政措置は、１９７０年施行の「建築物における衛生的環境の確保に関する法律」や１９４８年の「公衆浴場法」などの基本法規、あるいは地方自治法に基づく厚労省の技術的助言などの関連通知によって、２０００年代から順次行われてきました。自治体によっては、対象施設を公衆浴場や旅館に限定せず、医療施設や社会福祉施設を含めた包括的なレジオネラ症に関する条例を制定している場合もあります。

とりわけ、２０００年代の初めはレジオネラ症に関する事件が相次ぎ、２０００年3月に静岡県内のレジャー施設で温泉利用客23人が感染（うち2人が死亡）、また6

月には茨城県内の総合福祉施設において入浴した45人が感染（うち3人が死亡）。2002年には、宮崎県内（7月）や鹿児島県（8月）の入浴施設で死亡者を出す集団感染があり、宮崎県内の事案では感染者総数が295人にも達し、うち死者が7人というわが国で最大かつ最悪の集団感染となった末に、施設の責任者が自殺する事態も発生しています。

不安定な「塩素消毒」では、菌を根絶できない

こうした事態を受けて、厚労省は2001年9月に「循環式浴槽におけるレジオネラ症防止対策マニュアルについて」、また宮崎での事案発生直後の2002年9月には「入浴施設におけるレジオネラ症防止対策の実施状況の緊急一斉点検について」などの通知を発するとともに、担当者が全国に出張して従来型の「塩素消毒」の徹底を強く要請しています。以後、日本中の同種の施設では、もっぱら塩素による消毒を金

科玉条のように行い、結果として「とにかく塩素をぶち込んでおけば大丈夫」という思考停止状態に縛られることになりました。

しかし、ここには大きな問題がふたつあります。

ひとつめは、「塩素消毒」そのもののもつ問題です。塩素消毒というのは、塩素そのものを浴槽に投入するのではなく、遊離塩素剤としての次亜塩素酸の酸化力で殺菌を行います。そう、今回のコロナ禍の初期に、エタノールの不足から代替品としてもてはやされた、あの次亜塩素酸です。具体的には次亜塩素酸ナトリウム溶液、次亜塩素酸カルシウム、ジクロロイソシアヌル酸塩などを用いて、湯水に含まれる遊離残留塩素濃度を1リットル中0・2〜1・0㎎に維持し、継続的に菌の繁殖を抑えることを目的としています。

塩素といえば、プールなどでも広く用いられ、その殺菌消毒効果は折り紙付きというのが、多くの皆さんのイメージかもしれません。ところが、実はこれらの次亜塩素酸系消毒剤はアルカリ性の環境では大きく低下するなど、想像以上に不安定な面があります。また、水質や水の汚れ具合によっても、せっかく入れた殺菌剤が消費や吸着、分解によって2時間程度の時間しか有効濃度が保てないという特徴も指摘されています。ひと口に塩素消毒と言っても、その効果はけっして一定ではなく、その都度に濃度をチェックしながら慎重に行う必要があり、十分な専門知識のない多くの施設管理者には、相当にハードルの高い作業といえるでしょう。

実際、厚労省のマニュアルがあるにもかかわらず、各施設の管理者が現場で行う作業には相当なばらつきがあるのが実状で、先にあげた「大丸別荘」の年2回の湯交換は極端としても、週1回とされている湯交換とそれに伴う塩素消毒の回数を減らしたり、コスト節減のためにすべての湯水を抜くことなく、単に水位を下げる程度というケースは少なくありません。本来であれば、あふれさせるくらいまでにして消毒をしなければ意味がないですし、厚労省や保健所でもそのように指導しているのですが、各施設の管理者は「もったいない」ということで、水位を下げてしまうようです。そうしたやり方では、たとえ適正濃度での湯水の塩素消毒を行ったとしても、浴槽上部のタイルの目地や石材の隙間などに隠れた菌は残ってしまううえ、そもそも浴槽内や濾過装置内部のバイオフィルムはいったん除去されても1週間ほどでしぶとく再形成されるため、そこに菌が増殖し〝元の木阿弥〟になるのは当然です。

もちろん、こうした点は専門家も知らないわけではなく、厚労省のマニュアルや通達には、塩素に比べて化学的な安定度の高いモノクロラミンや、銀・銅のイオンの使用などの選択肢もあげられています。しかし、モノクロラミンには酸性の環境や水質の悪い状況で異臭を発する恐れがあり、銀イオンは即効性に欠ける点、銅イオンは塩素などに比べてもさらにｐＨに影響されやすい点が指摘されるなど、いずれも一長一短。かくて、最も簡便（と信じられている）で最も効果のある（と期待されている）塩素消毒は、その実際の効力にはおおいに疑問符がつきながらも、わが国の温泉施設の〝守護神〟として君臨することになりました。

菌は死なず、施設だけがボロボロになっていく

塩素消毒がはらむふたつの大問題、もうひとつは薬剤の長期使用がおよぼす、施設

への深刻なダメージです。

塩素がもつ強い酸化力は、殺菌・消毒の面で大きな効果（前述のように十分な環境条件が整った場合）を示す一方、金属類や天然繊維のほとんどを腐食させるという〝副反応〟をもっています。そのため、厚労省のマニュアル通りに週１回の湯水の交換と、塩素消毒をしっかりと励行することは、先にあげた濾過装置はもちろん、施設全体に張りめぐらされた配管やタンクなどをジワジワと腐食させ、気がついたときは建物を含めてボロボロの状態を招く結果になります。

その典型といえるのが、かつて日本郵政公社が簡易保険加入者向けに運営していた「かんぽの宿」の施設群です。２００７年の郵政民営化によって日本郵政株式会社に委譲された全国71の施設のうち、その後も営業を続けていた29施設は２０２１年に民間企業へと売却されましたが、表向き「採算悪化」とされていた理由の裏には、実は深刻な施設の老朽化という隠された理由があり、私はそれを当社グループ企業を通して知りました。

実際に現場を見てみると、どの施設も温泉設備はボロボロに腐食しており、至るところで漏水や赤水が発生、濾過装置のフィルターもカチカチに硬化するなど、なるほどこれでは経営の継続は難しいというのが一目瞭然です。原因は間違いなく長年にわたる塩素消毒にあり、企業側はその修復（といってもほとんど新設のような状態ですが）後のメンテナンスを私どもに相談してこられたわけですが、おかげで貴重な事例をつぶさに見ることができました。

私の考えでは、こうした例はまさに氷山の一角であり、日本各地の温泉施設や宿泊施設、さらにスーパー銭湯では、国が主導で進められた塩素消毒を続けたため、ほとんど〝動脈硬化〟のような状態が至るところで発生しているのは間違いありません。

一方、レジオネラ菌による健康リスクは、ここまであげた施設だけでなく、恐ろしいことに今や皆さんのご家庭、ふだんの生活のなかにも忍び寄ってきています。

たとえば、汲み置き式で何度も使う24時間方式の浴槽、追い炊き式の風呂、部屋に置かれた加湿器から発するミストにも菌が潜んでいないとは限りません。マンションの場合には、給水タンクや給湯水、建物全体の空調に用いられるクーリングタワー（冷却塔）に菌が大量に繁殖する恐れがありますし、それ以外にもお子さんたちが通う学校のプールなど要注意といえるでしょう。特にクーリングタワーでは、屋上などの高い位置から拡散したエアロゾルが建物の4階分をゆうに移動、風に乗った場合は数㎞もの飛距離でまき散らされることがわかっており、地域住民に広く健康被害がおよぶ可能性も。こうした被害は、あとでご紹介する「シックハウス症候群」になぞらえて、専門家の間では「シックビル症候群」とも呼ばれています。

しかも、これら身近な場所でも塩素消毒が長年にわたって行われてきたために、施設のダメージは確実に広がっているのです。私自身、各地のお客様のご依頼でマンションや商業ビルなどのクーリングタワーを数多く拝見してきましたが、その多くで驚くほど腐食が進み、一方でレジオネラ菌の汚染も改善していない事実に、施設管理者の皆さんが抱える深刻な悩みを感じざるを得ません。

事態はまさに、都市インフラ全体に関わるところにまで立ち至っているのです。

カビ、細菌、ウイルスが〝微生物災害〟を引き起こす

私たちの健康と生命を脅かすだけでなく、住まいや地域のインフラにさえ深刻な影響をおよぼす、恐るべき事態——ここまで説明してきたレジオネラ菌をはじめ、後ほど紹介する生活環境のカビ問題や、いわゆる「シックハウス症候群」、シロアリやダニによる被害、さらにはインフルエンザ、ノロウイルス、3年にわたって世界を震撼させた新型コロナウイルスなど、すべてをひっくるめて、私はこれを「微生物災害」という名称で呼んでいます。

一般の皆さんにはまだ耳慣れない言葉かもしれませんが、原因となる生物のほとんどが肉眼では見えないミクロの世界の住人であるため、その予兆に気づかないうちに事態が進行してしまい、あるとき、いきなり〝アウトブレイク〟するという点で、自然災害とは違った恐ろしさを秘めているといえるでしょう。

私たちの身の回りには、カビや細菌などの微生物、それらと共存するウイルスが膨

大に存在していて、特に近年、それらが原因で体調不良や病気を引き起こすケースが急増しています。

カビや細菌などは、以前は植物類のなかに分類されていましたが、現在は動物と植物を問わず「微生物界」のカテゴリーに入れられており――

高等微生物　原生動物（ゾウリムシ、アメーバ、ミドリムシ）
藻類（アサクサノリ、クロレラ）
地衣類（リトマスゴケ、イワタケ）
菌類　真菌類（カビ、キノコ、酵母）
粘菌類　変形菌類（ホコリカビ、ムラサキホコリカビ）

下等微生物　細菌類、放線菌類、古細菌
ラン藻（ネンジュモ、スピルリナ、ユレモ）

ウイルス、ウイロイド、プリオン

おおまかには、このように分類されています。

このうち、微生物災害を引き起こす原因となるのは、おもに真菌類に分類されるカビ、そして細菌類、さらにウイルスなどですが、実はこれらは自然界でそれぞれが独立して棲息しているわけではありません。また、たとえばカビが発生するような環境は、特別に問題のある家（住環境）ということはなく、むしろ住みやすく、暮らしやすい家ほど、カビが発生しやすいという面があるのも油断のならないところです。

こんにち、私たちの住環境は昔に比べておおいに快適になりました。私自身の若い頃に比べても隙間風の吹くような安普請の木造建築はなくなり、断熱の行き届いた気密性の高い住宅やマンションは当たり前。温度・湿度もエアコンや加湿器の普及で、年中一定に保たれるようになっています。しかし困ったことに、このように快適になった住環境はまた、カビをはじめとする微生物たちにとっても快適な生育環境であったのです。

結果、皆さんが一生懸命に清潔にしようと努力し、カビ対策に精一杯気を配っているつもりでも、ふと気がつくと、バスルームの壁や天井、家具の後ろなどにカビらしきものが生えている。それとともに、カビやその胞子が皮膚に付着して皮膚炎や水虫を引き起こしたり、肺に入って呼吸器症状を引き起こすやっかいな「真菌症」の他、先にあげた「レジオネラ症」などのリスクも上昇。さらには後述するバイオフィルムの形成により、季節ごとに食中毒を起こすサルモネラやO－157などの細菌類やノロウイルス、またインフルエンザや新型コロナウイルスまでが繁殖し、知らないうちに身近に忍び寄るなど微生物災害はけっして他人事ではありません。

私たち人間の側がどれだけ対策に励んでも、なかなか根絶のできない微生物災害。そこには、当の微生物の側が私たちの想像を超えたしたたかさをもっている、という点もあるでしょう。実際、無数に棲息する微生物のなかには、通りいっぺんの除カビや除菌で退治できるものもあれば、生き残るものもいます。そして、生き残ったものはそれらの薬品への耐性を強め、かえって勢力を拡大してしまうこともあるのです。

そう考えると、世間で行われている一方的、一過性の除カビ・防カビ、抗菌・除菌は、微生物災害にとって逆効果の場合が多いとさえいえるかもしれません。

ひそかに築かれる、ミクロの侵略者の〝大要塞〟

なかでもカビは、どんな場所でも湿度・温度・酸素・栄養（エサとなる有機物）の条件がそろえば、胞子が発芽して菌糸を伸ばし、菌糸体へと成長します。私たちは湿度・温度はコントロールできますが、生きていく以上は酸素と栄養をなくすことはできません。それどころか、私たちが日々新陳代謝でまき散らしている細胞（アカやフケ、皮膚の細胞片など）はカビにとって最高の栄養です。

こうして成長した菌糸体は、やがてコロニー（集落）をつくり、肉眼で見えるまでに繁殖。さらには他の微生物と共生することで、バイオフィルムという恰好の生息環境をつくり出し、さらなる微生物災害の温床となっていきます。

しかも、かつてはもっぱら湿度の高い場所（浴室・洗面所など）にのみ生息すると考えられていたのが、先にあげたような住環境の変化によって、建材、クロス、カーペット、家具、衣類など比較的乾燥した場所や物に生える耐乾性カビも増え、その対策も一様ではありません。除湿のための技術が進化した分、乾いた場所を好むカビの勢力が拡大しやすくなったわけで、まさに〝イタチごっこ〟――外張り断熱や結露防止サッシやプラスチック、コンクリートにさえ増殖する好乾性カビのなかには、前述の真菌症やがんなどの怖い病気を引き起こす危険な存在もいるなど、常に勢力図を変えて繁殖を続けるカビとの戦いはまだまだ続きそうです。

さらに最新の研究では、カビを中心に他の微生物の共生によって生まれるバイオフィルムが、多種多様なカビ、菌類、さらにはウイルス、ダニやシロアリなど微生物災害の原因となる生物の一大繁殖地になっているという恐ろしい実態も明らかになりました。その内側では、生息環境の近いカビ同士のコロニーが結びつき、力を合わせて自分たちに棲みやすい環境を生み出しており、他の細菌やカビを餌にするダニなども集まってくるなど、あたかもサバンナにおける水場のように、種を超え、棲息条件も異なる微生物が〝アウトブレイク〟の機会を虎視眈々とねらっています。

バイオフィルムを形成した微生物はまた、さまざまな外的攻撃から守られており、実験ではバイオフィルム内の緑膿菌の場合、空気中に浮遊している状態に比べて抗生物質に対し数百倍の耐性を備えていたとか。加えてそこに、インフルエンザや、新型コロナなどの病原ウイルスさえ存在するかもしれないとなれば、放ってはおけないでしょう。このように、私たち人間にとって微生物の世界はまだまだわからないことだらけの〝暗黒大陸〟であり、現在、種類が同定され、多少とも研究されているものはその2%未満にすぎません。

もちろん、必要以上に怖がることはありませんし、いわゆる「潔癖症候群」のようにしょっちゅう除カビや防カビのために塩素系の薬を使うことは、皮膚の常在菌など健康上で必要な〝善玉菌〟までを殺してしまい、そのせいで肌トラブルが起きるなどの別な問題につながることもあります。特にコロナ禍以降はこの傾向が強くなり、指先などをエタノールで清拭するクセのついた方も多いようですが、少しばかりのアルコールは肝心のウイルスを殺すには至らず、むしろ皮膚を守る菌だけを殺すことになるという点を知っておくべきでしょう。

ただ、もしも家のどこかで目に見えるカビの汚れを発見したなら、放っておくことは禁物です。その状態では根となる菌糸から成長したコロニーが形成されており、その場にしっかりと根を張ったカビが、空気中に盛んに胞子を飛ばして増殖をしていますので、放置するとコロニーはいよいよ拡大。やがてはコロニー同士が共生したり、他の微生物とともにバイオフィルムの〝要塞〟をつくり上げ、微生物災害の危険性はどんどん高まっていきます。

〝微生物災害〟対策へ、ニーズはいよいよ高まっている

微生物により引き起こされる具体的な健康被害として、アレルギー性の喘息、アトピー性皮膚炎、原因不明の微熱や頭痛、長引く咳、指先のしびれなどの神経症状……これらはいずれも、カビの増殖が直接的な原因となり、またダニの発生（刺されることによる皮膚症状、死骸を吸い込んでの呼吸器症状など）や誤った防カビが原因で起こる化学物質への過敏症（シックハウス症候群　詳しくは第3章を参照）といった〝二次災害〟といえるでしょう。事実、これらの原因不明とされる諸症状が、原因と

なるカビの除去や予防によって改善、解決したケースは私自身これまで数限りなく見てきています。

ここにいくつか例（年齢などはすべて当時）をあげておくと――

東京都（62歳・女性）

外断熱、全体換気を施した新居に引っ越してから半年後、体調不良を訴え、医師の診察を受けると「間質性肺炎」と診断された。

治療後、元気になったが、しばらくして再度体調不良を訴える。

依頼を受けて原因を探索したところ、体調不良を感じ始めた頃から室内に観葉植物を置くようになっており、この観葉植物に生えていたカビが原因になっていることが判明。原因を排除すると体調も戻った。

茨城県（子ども）

依頼を受けて、某県営住宅3カ所、約150世帯の室内環境を調査。

そこで暮らす子どもの健康状態を調査したところ、10名の子どもにアトピー症状が認められた。

その後、各戸に除カビ・防カビ施工をし、施工から2年後に同様の調査を行ったところ、施工前にアトピー症状が認められた10名中8名は全快していた。

神奈川県（22歳・女性）

マンションリフォームでクロスとカーペットの張り替えをした後、神経系の病気を発症。実家に戻ると症状が緩和するが、マンションに戻ると症状が再発する状態を繰り返し、やがて自宅に戻れなくなってしまったため、相談を受ける。

マンションのホルムアルデヒドの濃度を検査したところ0・085ppm。国際基準値を0・05ppmも上回っていた（これと関連した私どもの主力商品モルキラーMZの測定技術開発については第4章を参照）。そこで、クロスとカーペットにアンチホルマリン防カビシールを施してコーティングし、遠赤外線ランプで十分乾燥をさせて24時間後に再度計測。すると0・015ppmまで数値が下がり、その後、症状が改善。現在は健やかに日常生活を送っている。

このように、多様な健康被害に対して、正しい除カビ・防カビを行うことは有効であり、私どもではそのための処置や施工の相談を、創業以来44年間にわたってお受けしてきました。その間、依頼者の自治体や企業、団体、さらには個人の皆様からは感謝のお言葉と厚いご信頼をいただいていますが、さて周囲を見ると、まともな除カビ・防カビ業者はほとんどなく、新たに建てられる住宅やマンションも正しいカビ対策が行われているケースはまだまだ少ないというのが現状です。

私が本書の執筆を決意したのも、先にあげたレジオネラ菌への対策に加え、こうした身近なカビ対策、その正しい方法の普及と業界の活性化が喫緊の課題と感じたからで、実際にもその社会的ニーズは以前に増して高まっています。私どもの除カビ・防カビの概要と使用される画期的薬剤、さらに施工の実践については第3章に詳しく書いておりますので、皆さんにはそれをお読みいただいたうえ、我こそはと思う方の新たな参入を切に願う次第です。

本章では導入として、レジオネラ菌やカビをはじめとする微生物災害のあらましを紹介してきました。次の章では、これまでのわが国の微生物災害の〝主戦場〟カビ被害のおおまかな変遷に触れるとともに、現在、最も憂慮するべき大型商業施設や病院・介護施設等のカビ問題の状況について見ていきます。

第2章

広がりゆく、
カビ対策ビジネスの〝主戦場〟

それは、マイホームの壁のシミから始まった

長年、カビや細菌などの対策の最前線にたずさわってきたなかで感じるのは、これら微生物の世界にもある種〝流行〟のようなものがあるということです。

そうした流行には、もちろんカビや細菌の種類――「どんな」カビや細菌の被害が最も多く見られ、社会的に注目されるかの違いもありますが、被害の発生しやすい場所、すなわち「どこ」という問題にもはっきりした流行があるのを痛感します。

その点で、日本の微生物災害のいまだに解決していない問題は、かつても今も置き去りにされたカビの問題です。ただ、その主戦場には時代による変遷があり、以前はもっぱら住宅やマンションの被害に限られました。

特に1970年代以降、今から20〜30年前までに建てられたコンクリート住宅に多く発生した「カビ問題」は、当時の施工において常識となっていた「内断熱」という工法が大きな原因。断熱とは、その言葉通り、ある素材を使って建築物の外気の熱を

遮断し、エネルギーの消費を抑えながら、室内の温度を快適に保つための基本的な工法です。特に70年代以降は、エアコン（冷暖房）の急速な普及、省エネルギー意識の高まりとともに、住宅を建てる際には不可欠の要素として広く用いられることとなりました。

むろん、断熱という発想そのものには問題はありません。それ以前の日本の住宅が、ほとんど木造の無断熱だったことを考えれば、住環境の向上やエネルギー消費の面から見て大きな期待が寄せられたのも当然です。

しかし、日本ではこれが間違った考え方とやり方で普及してしまった。そのため、先に述べたような住宅のカビ問題を引き起こすことになったのです。

断熱には大きく分けて「内断熱」と「外断熱」の2種の工法があり、その名前が示すように、内断熱は建物の内側に断熱材を入れる工法、一方の外断熱は建物全体を断熱材ですっぽり包み込む工法のことをいいます。そして、この両者の違いがカビの発生に関して、運命の分かれ道ともいうべき被害の差をもたらすのです。

内断熱がカビの大量発生を招く理由、それは壁面の〝結露〟に他なりません。

そもそも、カビも生物である以上、発生し、繁殖するには、それに適した次のような基本条件があります。

発生要因
①温度　マイナス5℃から30℃（好条件は25℃〜30℃）
②湿度　80％以上（好湿性のカビの場合）
③栄養　有機物から無機物まで何でも

建物の構造上の要因
①通気性が悪く、気密性の高い建物
②建物内の温度差が大きい
③湿気の溜まりやすい構造
④防カビ対策の観点を考慮していない

このように発生要因においては、日本の気候はまさにカビにとって天国ともいうべきもの。そのうえ、70年代以降、次々に建てられたコンクリート建築は、構造上、カビの温床となりやすい条件が整っていたことが明らかです。人間にとって「快適・好立地」というのは、それ以上にカビにとって「住みやすく、暮らしやすい」場所でもあるのです。

とりわけ、その決定的要因となったのが、内断熱の内部に生じる結露でした。

皆さんは、カビが発生しやすい時期というと、梅雨から夏にかけての湿度の高い時期とお考えになるでしょう。実際、食物などにカビが生えやすくなるのは、右に示したように空気中の湿度が80％を超えることの多い、その時期に当たります。しかしながら、住宅の壁面に関しては冬場であっても同じようにカビが生えやすい、という事実はあまり知られておりません。

当たり前のことですが、冬場は外気の温度が低くなり、住宅の外壁をおおうコンクリートの温度も著しく下がります。これが、70年代以前の無断熱の木造住宅では、内側の温度も低くなるため、内外の温度差はそれほど大きくなりません。一方、内断熱を施したコンクリート住宅では、部屋の中が暖房で暖められているのに対し、その室温は断熱材で外には放出されず、冷え切った外壁との間に非常に大きな温度差が生じてしまいます。

結露がきっかけで、カビ発生の〝好立地〟ができる

問題は、この温度差です。

これが外壁と室内をへだてる壁の中、そこに敷き詰められた断熱材内部の空気中の水蒸気を冷却するため、そこに大量の結露が発生。こうして、目に見えない壁の内側にできた結露は、カビにとって何よりの温床となります。一見、乾燥しているように見える冬場の屋内は、このように隠れた部分に湿気を含んでいるわけです。

建物内外の温度差は、もちろん、夏場においても同じように大きくなります。こちらは冬とは逆に、カンカンに照らされて焼石のようになった壁面の内側で、20℃台に

冷やされた室内の温度を封じ込めるための断熱材に結露が生じるのです。

ただ、ここで誤解を招かないように申し上げておきますと、カビは結露だけでは発生せず、発生しても大きく繁殖することはありません。温度差で生じた結露そのものは、内部にカビの栄養となるものを抱え込んでおらず、いわば〝純水〟に近いため、そのままではカビの発生要因とはならないからです。

しかし、そこにひとたび栄養となる物質が運び込まれると、結露内に生じた〝カビの芽〟はジワジワと成長、繁殖してしまう。その栄養物質は、日々、ホコリや壁の汚れなどのかたちでもたらされ、また住人そのものの身体からも皮膚片、フケなどによってふんだんに供給されます。有機物と無機物とを問わず栄養源にするカビにとっては、建物内に施された塗料、さらには建材そのものまでがご馳走となって、ここに最高の環境を備えた〝ニュータウン〟が完成するわけです。

カビのなかには湿気を必要としない、乾燥を好むタイプもごまんとあり、そうしたカビは冬場であっても衰えるどころか、いっそう元気になります。特に、カーペットやフローリングの床面、ベッドの表裏など住んでいる人の身体に触れやすい箇所や、通気の悪いクローゼット、押し入れは、それらの種類のカビにとって〝好立地〟。しかも、人間様は「乾燥してのどがカラカラ」と加湿器をフル稼働させるうえ、以前の機器は吹き出すミストの粒状も水滴並みに大きかったので、気密性の高い室内は冬場でも意外なほど高湿度になる場合が少なくありません。そのため、乾燥しているはずの冬にもかかわらず、好湿性のカビまでが快適という困った状況が発生してしまいます。

一方、同じ断熱でも、外断熱の場合はそもそも建物の外側を断熱材でおおっているため、建物自体と内部の温度差は大きくなることがありません。外気温の影響を受けにくいことから、室内の冷暖房もほどほどの温度設定で快適になりますので、構造的に温度差が生じにくくなる――当然ながら、結露が生じることもありませんし、カビが発生、繁殖するリスクは大きく減少することになります。

しかしながら、オイルショック後の世界的な省エネ機運の高まりのなか、ＯＥＣＤ加盟国をはじめとする先進国のほとんどすべてが外断熱を採用したのに対し、ひとり日本だけは内断熱を採用。数十年にわたってこれに固執したことで、先にもあげたようなさまざまな損失を社会の至るところにおよぼすことになりました。

そこには、当時の建設省主導で行われた省エネ建築の研究が間違った方針を取ったこと、建築ラッシュに沸くゼネコン各社や住宅メーカーのメリットが追求されたことが、大きく影響したといわれます。内外気温の差と水蒸気の問題に気づかなかった研究者たち、そしてコスト（内装感覚の内断熱は外断熱よりもはるかに安価）とデザイン（当時の外断熱は施工の自由度が低かった）を優先した企業の責任は重いものの、私自身はそれを云々する立場にはありません。

幸い、その後、今世紀に入ってからは、頻発する欠陥住宅問題への社会的関心や製造物責任（ＰＬ）意識の高まりもあって、新規で建てられる物件は外断熱が常識となりました。そのため、ここ10～20年ほどの新築マンション、個人住宅ではカビ被害が以前に比べて沈静化している感はありますが、今なお膨大な数にのぼる、かつての内断熱〝欠陥住宅〟では問題はいっそう深刻化。そうした住宅に暮らす皆さんは、家中に広がるカビとの果てしない戦い、いたちごっこに疲れて「諦めの心境」というのが正直なところではないでしょうか。

日本中のスーパーがカビの脅威にさらされている！

そして今、新築マンションや個人住宅のカビ問題と入れ替わるように、新たな微生物災害の〝主戦場〟がクローズアップされています。

そのひとつは、日本全国に広がる大型商業施設、すなわちスーパーマーケットやショッピングモールにおけるカビ被害の拡大。そしてもうひとつが、ところもあろうに私たちの健康や福祉と密接に関わる病院や老人介護施設で、ひそかに進むカビの侵略です。

これらの施設は、いずれも地域の経済と暮らしの中核を担う非常に重要な場所であり、個人の住宅とは別な意味で、およぼす影響の深刻さは計り知れません。

まずは、スーパーに代表される商業施設の状況について見ていきましょう。

現在、日本には全国チェーンや地域チェーン、さらに独立系も含めておよそ2万軒のスーパーマーケットがあり、全国チェーンの場合はエリアの中核を担う大型ショッピングモールとして展開しているケースが約３１００軒と、その多くを占めています。これら、住民の方々の日々の買い物と暮らしを支える店舗で、皆さんの知らないうちにカビの繁殖が進んでいるという、恐るべき実態をご存じでしょうか？

こうした事態がクローズアップされるようになったのには、大きく分けて六つの理由が考えられます。

ひとつ目は、そもそもこれらの商業施設の建築設計の時点で、カビの発生防止対策が十分に練られていないこと。

ふたつ目は、来店客に快適な環境を提供するための強力なエアコン、あるいは冷蔵・冷凍設備の設置により、建物の内外および床面から天井付近までの温度差が大きく、結露を生じやすくなっていること。

三つ目は、建物自体の気密性が高いうえ、規模の大きさとコスト面の要請から、多くが内断熱やカビが発生しやすいとされるＬＥＤ照明を採用していること。

四つ目は、生鮮食品などを多く扱うことから、湿度、栄養の面で、どうしてもカビに好適な生息環境となりがちなこと。

五つ目は、日々、不特定多数の人間が出入りするため、カビや細菌がひっきりなしに持ち込まれること。

六つ目は、商業施設という性質上、開店後においては稼働率を維持することが目的となり、多くの場合、長期の店休を伴う大規模メンテナンスや施設の更新――特にカビの対策にはおよび腰であること。

実際にカビの発生する場所としては、一般にバックヤードと呼ばれ、商品の加工や調理が行われる作業場や、結露が起こりやすい冷蔵・冷凍庫周辺の壁面、柱などですが、とりわけ被害の大きいのが売り場の天井です。

これは、建物の構造上、天井はフロアにいるお客からの〝目隠し〟程度の意味しかもたされず、鉄骨の下に直接天井板を張り、そこに内断熱を施すという、しごく簡単な施工になっているため。しかも、内部には熱源となる排気用ダクトや、冷水用のパイプなどが縦横にめぐらされ、換気もほとんど行われないところに、売り場からは水蒸気、調理による煙までが立ちのぼってくるのですから、この環境でカビが生えないわけがありません。

かくいう私も、これまでにお店からカビ被害の対策のご依頼を受け、実態検査のためにもぐり込んだ経験が何度もありますが、薄暗い天井裏の壁といわず、天井板の裏、敷き詰められた断熱材といわず、びっしりカビの生えた部分が見渡す限り広がっている光景には、仕事も忘れてびっくりさせられます。しかも、その下では陳列棚にむき出しで並べられた、野菜や果物、肉や鮮魚、調理されたお惣菜などを、お客さんが何も知らずにニコニコ買っているのです。悪いことに、こうした場所に群生するカビや菌は、通称「黒カビ」とも呼ばれるクラドスポリウムの他、分厚く形成された〝バイオフィルム〟の内部には毒性の高い黄色ブドウ球菌が潜んでいることもしばしば。それらが引き起こす、食品のカビ被害や食中毒が心配になってきます。

繁殖が広がってくると、カビはやがて天井板の表側にもどんどん拡大。そうなると、店全体の見た目や印象も悪くなり、チェーン店の場合は企業全体のブランド価値の低下にもつながりかねません。それ以上に、カビや菌による食中毒やアレルギー、喘息などが発生するようなことになれば、事態はそれこそ取り返しがつかなくなるでしょう。同時に、建材や塗料、さまざまな什器備品の劣化も急激に進んで、コスト面でも大きな負担となります。

しかも、これらのカビ被害は、たとえ新しく建てられた施設でも、対策やメンテナンスが不十分な場合、同じように引き起こされる恐れが非常に大きく、実際に開店1年以内にカビが発生する事例はあとを絶ちません。逆にいうと、これらの企業と施設は、この先の〝対微生物ビジネス〟において大きな「商圏」となるのは間違いありません。私どもモルテックでも、後の章でご紹介するように、有名全国チェーンのご依頼を当社のグループ企業および特定工事代理店で一手に引き受けており、業界発展のためにも新たな参入企業を歓迎したい思いでおります。

病院、介護施設、文化財……対微生物の戦場はいよいよ拡大

スーパーなどの大型商業施設とともに、近年、その微生物被害の拡大が懸念されるのが、日本全国の地域に点在する病院や介護目的の老人福祉施設です。

これらの施設の場合、こうした事態が起こる理由は、先ほどの商業施設と多くの点で共通していますが、特に建物の老朽化と内断熱や高い気密性と結露の問題、患者や入所者を含めた不特定多数の人の出入りが大きいと考えられます。

そして、こちらの場合、施設を利用する方たちの多くが何らかの病気を抱えていたり、高齢になっていたり、身体を守る免疫力が低下しているという点で、健康におよぼす被害はさらに大きいものになる恐れがあるでしょう。病院や老人介護施設にはまた、商業施設とは違って、浴場や多数のベッドが備えられており、その点でもいっそうカビの繁殖しやすい環境といわざるを得ません。

私がその事実に気づいたのは、地元・千葉県内のある病院から依頼を受けて出かけたときのこと。先方は、「病室や廊下の壁、天井に出たカビを何とかしてほしい」との話だったのですが、実際に行ってみるとそれらの箇所にカビが広がっているだけでなく、患者さん用の浴場にも別な種類のカビがびっしり！　しかも、浴槽自体が循環式のものを使っていたこともあり、高い可能性でレジオネラ菌が繁殖している恐れもあるとわかったのです。

これは大変ということで、すぐに対策を講じた後、私は同じような状況の病院や介護施設が多数あるのではないかと、かねてカビ対策を通じて顔見知りの地元保健所の方に聞いてみたところ――県内多くの施設で、同様のカビ被害の拡大が懸念されるとのこと。カビをはじめとする微生物災害を専門にする会社、その責任者の立場としては、これを見過ごしにはできないと、いよいよ対策の普及をお手伝いする決意を固めた次第です。

世界に類を見ない高齢化と直面する日本では、地域のお年寄りが安心して過ごすための各種介護施設の役割が、この先いよいよ大きくなっていくでしょう。そうしたなか、せっかく入所した施設でカビや菌による健康被害を生じてしまうのでは、元も子もありません。幸い、各自治体でもそうした問題意識をしっかりと持ち、役所の担当部署が先に立って介護施設のカビ対策に本腰を入れている例も出始めています。

私どもモルテックにも最近、神奈川県から「老人福祉施設のカビ対策に協力してほしい」とのご依頼があり、薬剤の斡旋や使用法の指導などに乗り出したところです。こちらも詳しくは後の章でご紹介しますが、同様の例はこの先もどんどん増えていくことが確実であり、業界全体の活性化のため〝切磋琢磨〟する同業が現れるのを期待するばかりです。

さらにもうひとつ、ここへきてカビ対策という点で大きく注目されているのが、博物館や美術館、古文書を扱う図書館、公文書館といった文化施設、そして日本各地にある古寺社などの膨大な文化財建築（および、そこに保存されているおびただしい文化財）におけるニーズです。

何百年、何千年にもわたって保存・継承されてきたわが国の貴重な文化財を後世に伝えていくことは、現代に生きる私たちの責務であり、全国の文化施設とそこに収蔵されている貴重な文化財を脅かしかねないカビの侵食は、ぜひとも防がねばなりません。が、いうはやすく行うは難しで、文化施設と文化財全般を管轄する文科省からはそうした声が盛んに上がるものの、現在はいまだ試行錯誤の段階にあるというのが正直なところです。

文化財の保存に関しては、１９７２年に奈良県明日香村で発見された高松塚古墳内部と、その内部に描かれた極彩色壁画がきっかけとなり、広く社会的な注目が集まりました。以後、全国の大学や研究機関で「保存科学」の分野の研究が進められ、カビをはじめとする微生物被害にも適切な対応が必要という点が確認されたものの、除カビや防カビの実際の作業と技術面についてはまだ不十分といえるでしょう。

これまで、文化財などの生物劣化の対策には、主として虫害（虫食い）を対象とした燻蒸処理が用いられてきました。しかしながら、オゾン層の破壊など、より大きな地球環境の保全のために臭化メチルを主成分とする燻蒸薬剤の使用が国際的に禁止され、人体や環境並びに文化財などの材質へ与える影響の少ない新しい処理法への転換は、今や喫緊の課題。加えて、文化財表面の変色や劣化、さらに内部への侵食など、より深刻な被害を引き起こすカビの害にも有効な対策が求められています。

実際、私なども文科省や文化庁関連の調査に関連し、オブザーバー的な立場で各地の古寺社の現状を見る機会がありますが、長年の雨と湿気、温度変化にさらされた建物の被害の大きさは想像以上です。目に見える箇所こそきれいなようでも、部屋の隅や壁板の裏、天井や床下となると、驚くほどのカビの巣窟となっているケースが少なくありません。

私どもモルテックでは、これらの新しい分野に対しても、これまでの実績に基づく独自の工法・薬剤を用いての貢献ができるものと確信。実際にも、四国の大塚国際美術館のエントランスホールをはじめ、貴重な美術品や博物資料、文化財などのカビ対策に確かな地歩を築きつつあります。

このように、対微生物ビジネスの「商圏」はいよいよ拡大の一途を見せているというのが、現状といえるでしょう。

この章では、かつてのコンクリート住宅におけるカビ被害をはじめ、現状、そして将来的に微生物災害の〝主戦場〟となる大型商業施設や病院、介護福祉施設、さらには文化施設・文化財建築の状況についてお話ししてきました。

次の章では、こうした微生物被害に対する、これまでの対策が抱えていた大きな過ちを振り返るとともに、私どもモルテックが長年の研究と蓄積に基づいて開発した、唯一無二、圧倒的な実績を誇る方法をご紹介します。

従来のカビとの戦いがなぜ、果てしない、いたちごっこになってしまったのか？

せっかく取り除いたカビは、どうしてまたジワジワと広がってしまうのか？

市販の除カビ剤では、なぜカビを根絶することができないのか？

一度の手間と予算で、安全・確実にカビの生えない環境にできる方法はないものか？

――そうした疑問にお答えする、モルテック独自のカビ対策、その施工と画期的な除カビ・防カビ剤について、皆さんにもぜひ知っていただきたいと思います。

第3章

対カビ戦争、
完全勝利の2大戦略

カビとの戦いは、泥沼の〝いたちごっこ〟？

カビとの戦いは、正しいやり方を知らないままだと、果てしない〝いたちごっこ〟になりかねません。取っても取っても、拭っても拭っても、いったんは消えたと見えて、しばらくすると同じところにまたジワジワと……これでは、しまいに心も折れてしまいますし、喜ぶのはいわゆる「カビ取り剤」や「除カビ剤」をうたう商品の製造メーカーだけということになるでしょう。

といっても、もちろんカビ取り剤、除カビ剤そのものに問題があるというわけではありません。

皆さんがスーパーやホームセンターでお買いになるトップシェア商品の「カビキラー」も、もっぱら業務用に用いられている私どもの「カビサール」も「カビ取り用洗浄剤」というカテゴリーで、基本的にほぼ同じ成分でできています。

それは、おなじみ「次亜塩素酸ナトリウム」です。

第1章で取り上げたレジオネラ対策と同様、ここでも次亜塩素酸ナトリウムが「塩素」の名のもとに広く使われ、カビ対策はこれさえあれば大丈夫！というのが〝常識〟となってきました。カビの現れたところにシュシュッと吹きかけて短時間放置し、そのあとで布などを使い拭い去ったり、お湯で洗い流したり……すると確かに、部屋の壁やバスルームのタイル面、キッチンの隅に見えていたカビはきれいになり、「やれ、良かった」ということになります。

そう、それは確かです。

温泉施設やプールなど大量の水環境下で、水質や濃度の調整が難しく、効果が不安定になるレジオネラ菌の対策とは違い、あくまで局所的なカビに直接作用するケースの多い除カビに関しては、次亜塩素酸系の薬剤も十分に効果を発揮できるからです。

ちなみに、ここでちょっと除カビの効果的な方法についても、お話ししておきましょう。

除カビをする際は、何よりもカビが元気な状態で薬剤を使うことが肝要です。あえてカビが元気な状態をねらうというのは、やり方としておかしいように思われるかもしれませんが、実はそうではありません。というのも、カビは乾燥した状態では一種の〝休眠状態〟にあり、薬剤に対しての反応も不活発なため、結果として効果も減殺されてしまうからです。

そこでおすすめなのが、最初にたっぷりの水を与えてから除カビ剤を使うという、一種の〝だまし討ち〟作戦です。部屋の壁などであれば霧吹きで水を吹きかけ、バスルームなどにはあらかじめシャワーをかけておき、水分が大好きなカビが繁殖しようと活性化したところへ、一気に除カビ剤を噴霧します。そうしたうえで、あとは気長に放置しておくようにしてください。

市販の除カビ剤のラベルを見ると「スプレーした後、数分後に洗い流す」と書いてあり、「ひどい場合は約20〜30分置くと効果的」とありますが、それではまるで足りません。というのも、このあと説明するように、カビは表面に出ている部分よりも奥に隠れた〝根〟の部分を叩くことが、はるかに重要となるためです。

具体的には、除カビ剤をスプレーした箇所が完全に乾くくらい、数時間からひと晩程度はじっくりと待って、壁ならば壁紙の繊維の間、タイルならば目地の部分など、奥の根まで十分に薬剤を浸透させる。カビの繁殖が激しい場合は、スプレーしたあとをラップでおおったりして、乾燥がゆっくりになるよう時間稼ぎをするのも効果的です。

カビ取りというと、どうしても手早くやって、すぐに取り除きたいという気分になりがちですが、そうした速戦即決の攻略法ではかえって効果は不十分な場合も多いもの。実際、私たちプロの場合は、除カビ剤の濃度にしても濃いものを使って早く結果を出すよりも、あえて薄い濃度でゆっくりと攻めるなどの方法を用います。人間の身体でいえば、強い薬を使って短期間で病気を治すのではなく、なるべく自然な方法でゆっくり体力を回復させる「養生」のようなものと、考えればいいかもしれません。

「除カビ」と「防カビ」のワンセットが対策の基本

さて、そうしたやり方で、表面に見えていたカビをいったんはきれいに除去できたとしましょう。

しかし、しばらくするとカビはまた同じところに生え出してきます。そこでまた除カビを行う⇩きれいになる⇩また生えてくる……この無限ループを抜け出すには、同じことを繰り返していてもラチがあきません。

無限ループに陥る原因は、実にシンプル、明らかです。

それは、カビ発生のそもそもの原因、大元が根絶できていないからに他なりません。菌類であるカビは、私たち人間を含む多くの動物のように身体の一部を傷つけ、切り刻むというやり方では死ぬことはなく、一部が残っていれば、そこから再び勢力を回復し、新たに繁殖する、驚くべきしぶとさを秘めています。ましてや、表面に現れたごく一部を叩いたからといって、それで根絶できるような甘い相手ではありません。

では、カビ発生のそもそもの原因、大元は、どこにあるのでしょうか？　それはずばり、目に見えない奥の部分に広がったカビの〝根〟の部分です。

カビというのは、真菌と呼ばれる微生物のうちでも、特に「糸状菌」に分類され、その名の通り、「胞子」の状態から「菌糸」と呼ばれる糸状の〝根〟あるいは〝地下茎〟のような構造で繁殖します。そして、そのあちこちに「分生子」と呼ばれる〝芽〟を伸ばし、この芽の部分が黒や緑、茶色や赤色、白などのさまざまな色（分生子が抱えている「胞子」の色）のカビとして、私たちの目に見えるというわけです。

除カビ剤による洗浄で取り除けるのは、多くの場合、この目に見える分生子の部分や菌糸のごく一部にとどまります。そのため、いったんは取り除けたかに見えても、生き残った大部分の根（菌糸）は再び繁殖してしまい、気づいたときには元の木阿弥という事態になるのです。

この根の部分は、表面に現れている部分では、壁紙の繊維やタイルの目地、家具の木目やカーペットや畳の目などに広がりますが、それ以上の元凶、最大の大元は外からは見えない部分にこそあります。それが、外壁と室内をへだてる壁の中――内断熱のための断熱材、その部分と直に接触する木製の壁材や柱、部屋の枠材、そして天井や床下などにあることは、今さら申し上げるまでもないでしょう。

要は、問題の大元は表面ではなく、隠された奥の奥にこそある。これでは、いくら頑張って除カビに汗を流しても「もぐら叩き」のようなもので、不愉快で健康にも害のあるカビとの〝共同生活〟に、永遠にピリオドを打つことができないのも当然です。身体のたとえでいえば、現れた個別の症状に対する「対症療法」ばかりを行っているのと同じ、それを引き起こしている原因の病気を治さないままでは、健康な状態は取り戻せません。それに加え、こうした対症療法を繰り返すことは、あとで触れる耐性菌の発生につながるなど、思わぬ〝副反応〟を招くことさえあります。

では、どうすれば完全にカビとさよならができるのでしょう？　この問いに対する答えも、至ってシンプルです。

カビを取り除いた後、再び生えてこないように適切な処置をすればいいのです。私どもではこれを、表面に現れたカビを取り除く「除カビ」に対して、奥に広がるカビの根が再び繁殖しないための「防カビ」と呼んで区別しています。

この両プロセスをセットにしてこそ、初めてカビは根絶できるわけで、それを抜きにして絶対に対カビ戦争の完全勝利はあり得ません。

そして、その際の最も重要なポイントはふたつ――ひとつめは「必要な場所に、必要な処置を徹底する」という点、もうひとつは「必要な処置に、必要な薬剤を正しく使用する」という点です。

まずは、ひとつめの「必要な場所に、必要な処置を徹底する」から説明しましょう。

この場合、「必要な処置」というのは、①除カビをする、②そのうえで防カビをする、という対カビ作戦の基本セットのことです。ただ、これを「必要な場所に」「徹底する」というのはなかなかに大変です。

たとえば、部屋の壁やバスルームのタイルなどは、市販されている次亜塩素酸系の除カビ剤（カビ取り用洗浄剤）を使い、前にご紹介したような手順でカビを取り除きます。しかる後に、再び繁殖しないような防カビ処置を施すわけですが、カビの生えている天井や壁の表面、目地を含めたタイルの外側だけ行っただけでは、「必要な場所に」「徹底する」ができたとはいえません。

この場合の「必要な場所」こそ、まさにカビの生えている周辺や、一見するとカビの見えない外壁と室内をへだてる天井裏や壁の中に当たります。表面のカビに対する対症療法のいたちごっこをやめ、建材を取り外し、そこに現れた天井や壁の内部に広がる、いわゆるカビの「根」のジャングル、「菌糸」の森という敵の本拠地に直接の攻撃をかける。すなわち、内側も外側もカビに侵された天井材や壁材、これまでカビの温床になっていた断熱材などは殺菌するか取り除き、天井や外壁の裏側や、壁の内側に組まれた柱、枠材などに、先ほどあげた基本セットのふたつのプロセスをしっかりと行うのです。

当然、DIYの範囲では対処し切れませんので、そこに私どものようなカビ対策のプロフェッショナルへのニーズが生まれることになります。

具体的な手順としては――

洗浄工程（除カビ）　表面に見えるカビをすべて取り除く

↓

殺菌工程（除カビ）　深部に潜むカビを殺菌する

↓

抗菌工程（防カビ）　カビが再び着生・繁殖しないように抗菌処理する

――というもので、これによって「必要な場所に、必要な処置を徹底する」が実現するのです。

防カビの〝切れ味〟を高める薬剤塗布のワザ

ここでいう「徹底」という面では、除カビやその後の防カビのための薬剤の塗布方法が重要です。カビの発生を防ぐためには、「必要な成分を、必要な量、必要な時間」をかけて殺菌し、抗菌処理を行います。そのため、天井や壁に対して、均一にたっぷりと、カビが生き延びないように塗布する必要があります。「もったいない精神」で少なく塗布してしまったり、カビが生えている周辺に薬剤を塗布しないまま生存させてしまったり、殺菌剤を薄めてしまったりで、天井裏や壁の内部、建材の内部にカビが生き延びてしまうと、カビの再発は早まってしまいます。もしも、塗布する量や時間が不十分であれば、有効成分が十分な効果を発揮できません。

たとえばアルコール手指消毒の場合でも、「ワンプッシュでサッと10秒以内に殺菌」

することは難しく、カビの一種である水虫菌などでは殺菌剤に手を浸して20分はかけないと死にません。不十分な量や時間、有効ではない成分、あるいは当社製品において禁止している水で薄めて使用してしまうケースなど、不適切な対処方法は、カビや細菌をむしろ増やし、環境を悪化させることもあるので、必要な処置を正しい方法で徹底する必要性があります。

その際の決め手となるのは、防カビ用の薬剤のコーティング、特にその「濃度」と「厚さ」という点です。

ひとつ、問題を出しましょう。

長期間にわたり高い防カビ効果を発揮するには――

A　**防カビ剤の濃度をできるだけ濃く、分厚く塗る**

B　**防カビ剤の濃度は適度にし、薄く何度も塗り重ねる**

――どちらのほうが正しいと思いますか?

パッと見で答えると、Aのほうが断然いいように思われるかもしれませんが、実は大間違い。防カビの効果と耐久性を考えた場合、Ｂのほうが圧倒的に正しいのです。

Ａの方法が間違っている理由のひとつめ。それは、必要以上に防カビ剤の濃度を濃くすることで、薬剤に対するカビの耐性を強くする危険性があるという点です。実際、顕微鏡で見ると濃度の濃い防カビ剤をかけたカビは、その表面が一瞬にして尖り、ひどいときは毛糸玉のようにクルクルッと硬く丸まってしまって、もはや簡単には取れません。

また、生物の防衛本能というのは恐ろしいもので、ときには防カビ剤から逃れようとしたカビが、一気に繁殖の範囲を広げることもあり得ます。実際、水虫薬（水虫＝白癬菌も代表的なカビの一種です）と防カビ剤の成分には共通するものがありますが、外国製の強い水虫薬などの場合、足先にあった菌が一瞬で脛から膝のほうへ広がり、飛びあがるほどの痛さを感じることもあるとか。せっかく除カビをしたのに、あとから施す防カビ処理のせいで、敵を〝復活〟させては元も子もないでしょう。

Ａの方法が間違っている理由のふたつめとしては、水性塗料に防カビ剤を添加、もしくは塗装と防カビ処理を行う場合に、防カビ剤を分厚く塗ることにより、薬剤の成分とカビの胞子が接触しにくくなる点があげられます。一度に厚塗りをするやり方は、時間と手間は節約できるものの、薬剤の成分は大部分が厚い層の中に閉じ込められて、効果を発揮できません。そのうえ、厚塗りで通気性の悪くなった表面は、しばしば「防水施工」を掲げながら、かえって結露しやすくなるデメリットがあり、カビが生じやすくなります。防カビにおいては水分が何よりも禁物ですので、これではどれだけ処理をしても、かえって逆効果です。

この、間違ったやり方は、多くの場合、防カビをうたった塗装業者が施工する場合に行われます。要は、防カビ剤の適量がわからないまま必要以上にペンキに混ぜて、厚塗り一回で済ませようとする——まさにやっつけ仕事で、その結果、右のような弊害がすぐに現れ、絶対にうまくいきません。あとは、再びカビが発生した箇所を塗ってはごまかし、塗ってはごまかししても根絶にはほど遠く、至るところペンキのまだらだらけ、建材そのものの劣化も進んでしまいます。

一方、正解としたBの方法の場合を見てみましょう。

薬剤というのは、どんなものでも効果を最大限に発揮するための適度な濃さというのがあります。当然、防カビ剤の場合も、これを実験と実践の積み重ねでしっかりと把握し、ベストな濃度にしたうえで使うことが必要になる。そうすることで、適切な量を保たれた防カビ剤の粒子は基材の奥まできちんと浸透し、高い効果を発揮できます。また、適度な濃度にして用いれば、カビの耐性を必要以上に強くしたり、カビが一気に広がったりということもありません。

私どもの実験データでは、防カビ剤の濃度が１・５〜２％という範囲にあるとき、その効果が最大になることがわかっています。これが３％となると、効果は低下してしまいますので、使用の際は厳密な濃度の確認と調合を欠かすことができません。後ほど紹介する、私どもの防カビ剤「モルシール」は、主成分の防カビ剤を適切な濃度で溶剤に溶かすことで、最大の効果を得ることに成功しています。

次に塗り方ですが、これは一回で厚塗りするよりも、何度にも分けて薄塗りを重ねるほうが、効果的なことがわかっています。ちょうど日本刀の鍛造のように、薄い鋼を何枚も重ねて鍛えることで、防カビの効果は一回塗りに比べてはるかに高まるのです。

こうして「必要な場所に、必要な処置を徹底」したうえで、新たに新品の断熱材と壁材（これにも、先にあげた②の防カビ処理を施しておくのは、いうまでもありません）で施工する手順をきちんと行うことにより、カビの大元を根絶しますので、施工後の耐久性がまったく違います。もはや、カビに悩まされることは絶対にありません。

これこそ、まさに対カビ戦争の完全勝利です。

私どもモルテックでは前身企業の時代を含め、「住宅のカビ問題」が大きく注目された1990年代から、いち早くこの「耐久性防カビ方法」（NETIS：国土交通省における新技術情報システムに登録）と呼ばれる工法を展開し、実に4万件以上にのぼる数多くの施工を重ねてきました。そのなかには、一般住宅やマンションの新築、リフォームはもちろん、前の章であげた大型商業施設（イオングループ、バローホールディングスをはじめとする全国チェーン）、さらには皆さんがご存じの有名ホテルやテーマパーク、各種の工場、最近では貴重な美術品を展示する各地の美術館・博物館、神社仏閣などの文化施設といった、多様な実績が含まれています。

カビを再び繁殖させない、防カビ剤の条件とは?

対カビ戦争の完全勝利、そのふたつめのポイントは「必要な処置に、必要な薬剤を正しく使用する」です。

除カビ、防カビに際しては、たとえ首尾よくカビを駆逐できたとしても、それによるマイナスの〝副反応〟が出てしまったのでは元も子もありません。一方、副反応がない代わり、カビに対する効果もないというのも、そもそも役に立たないことになるでしょう。

それだけに、ここでいう「必要な薬剤を正しく使用する」が、非常に重要になってくるわけです。

このうち、除カビについては先にもあげた通り、広く使われている次亜塩素酸系の塩素剤が多くの場合の選択肢となるでしょう。これは、除カビのプロセスが、あくまで今あるカビを一時的に取り除くことを目的とし、使用される分量も限られるためで、長期にわたる効果が期待されない分、マイナスの影響についてあまり心配する必要もありません（もちろん薬剤自体は人体にも有害ですので、使用に際しては十分な注意が必要です）。

一方、その目的から使用する範囲も広く、長期的な効果を求められる防カビ剤については、選ぶ際に多くの点で注意することが求められます。

防カビ剤に求められるポイントを、ここに列記してみましょう。

・長期間、防カビ・防菌の効力が持続する。
・多種多様な建材によく適合し、いかなる条件下でも離脱しにくく、酸やアルカリ、有機物と接しても変質しない。
・金属などを腐食させない。
・人体や環境に対して安全性が高い。
・一定量で標準施工ができ、必要以上にコストがかからない。

これに対し、従来の防カビ剤はどうだったかというと、その第一選択は除カビ剤と同じく次亜塩素酸系の塩素剤という場合がほとんどでした。このタイプの薬剤は、先ほど触れたように除カビ剤の範囲であれば、大きな問題はありません。

しかし、こと防カビ剤としてとなると、次のような不都合がいろいろと生じてきてしまいます。

すなわち――

・カビに対する効果は一時的であり、持続性がない。
・有機物に接触することで変質したり、ｐＨの状況に左右されやすい。
・繰り返し使用すると、金属製の建材や部材を腐食させる。
・濃度が高い場合など、人体に悪影響がある可能性も。

――などなど。これに加え、たび重なる使用によって「塩素耐性菌」という、塩素系の効力に耐えるタイプのカビを発生させるリスクがあるのも心配です。その点、素人考えで「とにかく強力な薬剤を使えばいい」というのは大変に危険で、塩素耐性菌が生まれてカビ発生のサイクルが前よりも短くなったり、住宅や設備が知らないうちに腐食したり、最悪の場合はそこにいる人たちの健康を損なうこともあり得ます。

実際、この「必要な処置に、必要な薬剤を正しく使用する」という点は実に難しく、過去、さまざまな問題が発生してきました。

なかでも大きかったのが、1990年代にクローズアップされた「シックハウス症候群」の多発です。これは当時、住宅などのカビやダニ、シロアリの発生を防ぐため、建材にホルマリンや有機リン酸化合物などの人体にも有害な薬剤を高濃度かつ多量に使用。それにより、住人に重篤なアレルギー症状が引き起こされたというもので、大きな社会問題となりました。

要は、カビなどの発生を大元から断つというねらいで、使用する建材そのものを防カビ処理しようという発想だったのですが、そのために人体への影響を十分に考慮しないまま、強い薬剤を大量に使うというのは、やはり大きな問題があります。

たとえば建材にホルマリン処理をした板、これを含む接着剤などを使えば、カビもダニも発生しない道理ですが、ホルマリンというのは人体に非常に有害なホルムアルデヒド（気体）の水溶液で、常温でもやすやすと気化する危険なもの。たびたび吸引するうちには、体内で一種のアレルゲンができてしまい、その後はわずか1ppmほどの量を吸ったり、接触したりするだけで呼吸困難などの重篤な症状を引き起こすこともわかっています。

こうした事態を受けて、最終的には国がこれを規制し、97年にはホルムアルデヒドの室内での量を最高で0・08ppmと、事実上の使用禁止が定められました。ただ、ホルマリンなどの化学物質自体は、建築施工の際に十分な換気を行うことで、相当部分が気化消滅してしまうため、カビなどの被害に比べるとまだしもかもしれません。その点、真の「シックハウス症候群」とは、カビをはじめとする微生物によって起こされるもの、といっても過言ではないでしょう。何にせよ、防カビのための適切な薬剤を用いることは、そこに住まう私たちの健康を守るため、避けて通れない問題であるのは確かです。

完璧な防カビ剤は、研究室からは生まれない

では、防カビに関して「必要な薬剤」とは、どんな薬剤なのでしょうか？

人体や建物に害をおよぼすことなく、カビだけに効果のある薬剤をつくればいいということになるのでしょうが、実はこれ、いうほど簡単ではありません。

こういうと「バイオ技術がこれだけ進んでいる時代、カビだけに作用する成分なんかすぐに見つかるでしょ」との声が上がりますが、どうしてどうして、微生物の世界は第1章でも述べたように実に複雑怪奇で、一筋縄にはいかないもの。「カビ」とひとくくりにしてみたところで、現在わかっているだけで8万種以上とされ、そのひとつひとつにはなお未知の特徴があるといわれるのですから、これを調べるだけでも何十年かかるかわかりません。その間にも、次々に新種が発見・培養されるのですから事実上不可能というしかないでしょう。

実際、これに関しては、かつてこんなケースがありました。

70年代の終わり頃のこと、赤坂の一流ホテルに防カビの施工を行うという話があり、当時、防カビ業のパイオニアと称した某塗装業者がこれを受託。その少し前にできたばかりの「防菌防黴学会」の支援を受け、カビの種類の同定をしたうえで施工するという触れ込みでした。つまり、そこに発生するカビを見極め、これに対する最適な薬剤を選定して用いるという方法ですが、実際に行ってみた結果、ものの見事にカビの逆襲を受け、大失敗に終わったのです（塗装業者ゆえに、その施工法も先にあげた間違ったAのやり方だった点も、失敗の原因だったでしょう）。

そのときの業者側の言い訳は「発生したのは最初に同定した種類ではなく、別なカビだったので当方の責任ではない」という誠に苦しいもの。研究室内での分析とは別に、日々移り変わる現実の環境下では、そこに生きるカビの相も刻々と変わるわけで、どれだけ事前の同定と分析をしたところで、ものの役には立たないということでしょう。

防カビ対策は、あくまで全体としての環境微生物対策であって、カビのみを対象としたものではなく、ひたすらカビの研究だけをしたところで失敗するのは当然です。

これが医薬の場合であれば、他に影響を与えることなく直接の有害菌のみ排除しなければならず、高度な技術と知識に基づく分析が必要となりますが、そもそも建物のカビの除去や防止にはそうした発想は繊細にすぎますし、やろうとしてできることでもありません。

すなわち、desk evidence（一回きりの机上のデータ）の限界ということであり、これに対して私たちが大切にするべきはreal evidence（積み重ねた現場のデータ）という貴重な教訓が、ここからは読み取れる気がします。

――科学論文に嘘が多いと言っても、理論科学には少ない。（中略）理論なら査読者が一つ一つ筋を追えば、論理に誤りがないかどうかは検証できるからである。問題は実験科学だ。査読者がいくら頭をひねっても、実験結果が本当かどうかまでは検証できない。（中略）実際、生物化学、生命科学などの分野では、掲載された論文の半分以上がそのままでは再現不可能という。本庶（佑）氏の「九割は嘘」が出てくる所以である。

『管見妄語　できすぎた話』（新潮文庫）より

これは、世界的数学者である藤原正彦氏の著書から引いた卓見ですが、防カビのプロの立場からすると、先にあげたカビの同定による薬剤の選定というのは、まさに再現不可能な机上のデータであり、実際の処置においては何にせよ一定の効果がないと成り立ちません。逆に、すべてのカビや菌に効果のあるものは、極端にいえば毒物しかないということもできるでしょう。

そう考えてくると、一定の効果がある一方で人体には安全性が高く、周囲の環境にも負荷をかけないものは、既存の薬剤のなかにもけっして多くはないのが実際のところ。私どもが試みてきたのは、それらのなかから選んだ薬剤を現場の施工で試験的に使い、そのデータをとにかく数多く蓄積することで、防カビ効力の高さ、起こり得るマイナス面の事象などを綜合的に勘案するという積み重ねでした。

こうしてたどり着いたのが、複数の防カビ剤を組み合わせ、多種多様なカビに対する効果を発揮する「モルシール」であり、防カビにおける「必要な薬剤」として現在これに勝るものはないと確信しています。

多彩な薬剤の〝カクテル〟効果で、カビにサヨナラ

私どもモルテックの防カビ剤「モルシール」は、アメリカで発明されたチアベンダゾール（ＴＢＺ）をはじめ、複数の防カビ剤と第４級アンモニウム塩、フェノキシエタノール、エタノール等の殺菌剤を混ぜ合わせたものです。

なぜ、複数の薬剤を混合することを思いついたのか？　それは、先にあげた、他業者による赤坂のホテルでの防カビ施工の失敗が出発点でした。

あのとき、業者は防カビの標的となるカビの種類が何であるか、その同定のために多くのお金と時間をかけたにもかかわらず、結局は防カビ施工からそれほど経たないうちに別の種類のカビが発生。それに対して「発生したのは最初に同定した種類ではなく、別なカビだったので当方の責任ではない」との言い訳をしたといいます。でも、私にいわせれば、自然界には私たちのまったく知らない種類を含め、膨大な数のカビが存在しているわけで、そもそもそれをひとつに限定し、対策を取ろうとしたことに

大きな誤りがあるとしかいえません。

であれば、一種類のカビにしか効かない防カビ剤を、その都度用意するような遠回りをせず、最初から複数のカビに対する防カビ効果をもつ薬剤を用意すべきではないか……そうした考えが、まったく新しい耐久性防カビ剤開発の出発点になったのです。

いうならば、効果ごとに〝分ける〟発想から、複数の効果を〝結合する〟発想ということで、実はこれには最高の実例がありました。

ワクチン研究における先端理論として、エイズワクチン等の開発におけるひとつの理論としてもあげられている、複数の効果をもつ薬剤の混合、いわばワクチンの〝カクテル〟という発想です。実際、この考え方で開発されたエイズワクチンは、患者ごとに多様な発現を見せる症状に対し、一定以上の抑制効果があることはよく知られた事実。私としては同理論の難しいことはわからないながらも、すでに試していた防カビ分野の成功実績を証明するものと、心強く感じたわけです。

とはいえ、無数に存在するカビに対して「これとこれが効く」という、必要十分にして最適な組み合わせを発見するには、私どもの研究室での数限りない実験が必要でした。同時に、実際の現場での活用と、その結果の積み重ねというreal evidenceが蓄積されたことで、選び抜かれた現在の成分構成が確定。合わせて「これは混ぜてはいけない」というNGの薬剤や、「この順番で混ぜてはいけない」というNGの混ぜ方も明らかになり、ここに防カビにおける〝切り札〟としての「モルシール」が誕生しました。

「モルシール」の主成分である複数の防カビ剤は、そのひとつが十分に効かないような場合でも、別な種類がそれに代わる効果をあげる最強のラインナップです。たとえばTBZは幅広いカビに対し、強い効果を発揮しますが、その一方でカビの側に耐性が生まれやすい欠点があります。そうした場合、プレベントールをはじめとする別な成分が効果を発揮します。

同じように、プレベントールが効かなければ、別の成分が代わりになり、それでもダメな場合は次の成分が……というように二の矢、三の矢が発せられることで、いずれかの成分が最終的に防カビの目的を果たすわけです。無数に存在するカビも、防カビ効果に関してはある程度の数のグループ分けが可能であり、このラインナップであればそのすべてをカバーできます。そのために私どもでは、世界中からさまざまな防カビ剤を原材料として調達。ＴＢＺでいえば、日本でパテント製造を行っている会社は3社しかありませんが、最近は中国でも品質の良いものが調達可能です。他の成分についても、価格と品質を見合わせて集め、本社内の工場でそれらを混合、製品としての「モルシール」を製造しています。

溶剤にも独自の工夫、「モルシール」の効果の秘密

防カビ剤の「モルシール」はまた、主成分となる複数の防カビ剤を溶かす溶剤にも、ほかにはない画期的な成分を使っています。

すなわち、第4級アンモニウム塩と、化粧品などの防腐剤として用いられるフェノキシエタノールを混合、これに主成分の防カビ剤を最適の濃度で溶かすことで、いっそうの効果を発揮するわけです。

もともと、第4級アンモニウム塩は、その除菌・消毒効果が厚労省からも正式に認められ、医療機関などでも幅広く使用。次亜塩素酸ナトリウムやアルコール類と比較して、防カビに適した次のような特徴があるとされています。

①殺菌持続効果が期待できる

第4級アンモニウム塩は、処理した環境表面に残留し除菌効果の持続が期待できるので、限られた分量とコストにより細菌の増加を抑制することができます。一方、次亜塩素酸ナトリウムやアルコール類は、使用後すぐに分解あるいは蒸発してしまい効果がなくなるので、持続効果という視点では最適とはいえません。

②材質への影響が少ない

第4級アンモニウム塩は、次亜塩素酸ナトリウムやアルコール類と比べて各種材質に影響を与えにくい性質があるので、材質を気にせず使用することができます。一方、次亜塩素酸ナトリウムは金属腐食性が強く、アルコール類はプラスチックを白化させたり、ゴムを劣化させることがあり、いずれも除菌剤としての汎用性に欠けています。

③洗浄力に優れる

除菌剤は、処置する部分に有機物があると、その効力が低下してしまいます。そのため、前もって洗浄して有機物を除去していくことが必要になりますが、第４級アンモニウムにはそれ自体に洗浄力があり、正しい施工における第一段階としての洗浄工程を簡略化できます。一方、次亜塩素酸ナトリウムはそもそも有機物と接すると著しく効果が低下してしまい、アルコール類にも有機物の洗浄効果はないため、使用の際の手数が増えるのが難点です。

このように、除菌・消毒効果に加え、先にあげた防カビに関する「必要な薬剤」としての条件を備えた第４級アンモニウム塩に加え、さらにフェノキシエタノールを用いることで、私どもではさらに効果の高い薬剤を完成することに成功しました。すなわち、フェノキシエタノールには防腐剤としての優れた効果に加え、コンクリートなどに混ぜて空気穴ができにくくするなど、素材の延びや定着（この点も化粧品に用いられる理由です）にも力のあることが知られており、防カビにおける耐久性に大きな効果が期待できます。

施工法としての「耐久性防カビ方法」と、そこに用いる薬剤としての「モルシール」

——私どもモルテックでは、この方法による防カビを行ってすでに40年以上になりますが、これまでに防カビをした後に再びカビが発生した例はひとつもありません。防カビにおける技術において、他の追随を許さないと自負するゆえんもここにあります。

この章では、おもにカビ対策の面から、従来の方法の問題点を明らかにするとともに、対カビ戦争に勝利するためのポイントをふたつの面からご紹介しました。

そのひとつは、除カビ⇓防カビという両プロセスをセットで行うということ。

もうひとつは、防カビにおいて安全・安心・確実で持続性のある薬剤を使うということ。

これらの面をご理解いただくことで、カビ対策におけるリーディングカンパニーである、私どもモルテックの優れている面を、十分ご理解いただけたと思います。

次の章では、第1章で取り上げたレジオネラ菌の問題への、モルテックの対策をご紹介しつつ、わが国で微生物災害への備えがなかなか進まない原因を、考えていきたいと思います。

第４章

対レジオネラ菌、新たな〝切り札〟はこれだ

レジオネラ菌対策のきっかけはO-157

第1章でご紹介したように、今、日本中の温泉施設や公園・テーマパークなどの水施設、まちなかのビルやマンションのクーリングタワー、さらには病院・福祉施設、各家庭で用いられる循環式浴槽まで、健康上の大きな脅威となっているのが、レジオネラ菌の問題です。

私どもモルテックが、微生物災害のなかでも〝新顔〟であるこのレジオネラ菌の存在に注目したのは、1990年代半ばのこと。直接のきっかけとなったのは、重篤な症状を引き起こすことで知られる腸管出血性大腸菌、いわゆるO-157による食中毒の流行です。

90年に、埼玉県浦和市（現さいたま市）の幼稚園における井戸水を原因とした集団感染が起こって以来、社会的にも注目を集めたこの病原菌に対しては、当時は「ハイター」などの漂白剤による長時間消毒のみが有効であるというのが常識。これに対し、私どもが研究開発を重ねてきた除菌剤「モルキラーMZ」にもO‐157への防菌効果があるのではと、都立衛生研究所に試験を申し出ました。同研究所の主任を務めておられた古畑勝則先生（現・麻布大学教授）とは、それ以前の92年に防カビ剤の「モルシール」の検査をお願いした折に初めてお目にかかり、その頃、たまたま私が手に入れたアメリカ産のレジオネラ菌検査キットを「お役に立てば」と差し上げて以来、昵懇にさせていただいていたのです。

このとき、O‐157の被害に対して「食の現場や、子ども、高齢者、病人向けの施設、各家庭のキッチンから、食中毒の不安を減らすお手伝いがしたい」と訴える私の言葉を、古畑先生はおおいに意気に感じてくださったようです。そのうえで、「吉田さん、O‐157もだけど、これから大きな問題になるのがレジオネラ菌だよ」と研究を熱心におすすめくださいました。その実態をお聞きし、また自分でもさまざまに調べるうち、すぐに「これは大変だぞ」ということに気づいたというわけです。

レジオネラ菌に感染し、ひとたび肺炎症状を発症すると、早い段階でマクロライド系、ニューキノロン系などの抗菌薬を使わないと治療の効果はあがりません。手当てが遅れて重篤化すると、致死率は5～10％と死亡のリスクは相当に高まるうえ、これに効くワクチンの類も開発されておらず、大変怖い細菌です。しかもそれ自体、自然界に広く存在し、とりわけ循環型の浴槽や水環境においては非常に繁殖しやすいため、その影響は〝点〟にとどまるO－157とは比較にならないほど、社会のさまざまな層、生活のあらゆる場面へと広がりを見せる恐れがあります。

実際、レジオネラ菌による健康被害は、90年代以降に散発的な発生が記録されており、それが2000年代に入って各地に集団発生をもたらすわけですが、90年代半ばにおいてはその不気味な予兆に気づいていた人はほとんどありません。その間、第1章でも触れたように、各地の温泉施設や水環境、さらに家庭の24時間風呂などで行われていたのは、〝守護神〟とされながらも実は効果の薄い塩素消毒がもっぱらであり、しかも多くは不完全なやり方を機械的に繰り返すのみでした。

「これは、ぜひ取り組まなければ！」

そうした思いで、対レジオネラ菌のための新たな製品開発に踏み出したのが1996年のこと。レジオネラ菌対策の〝切り札〟ともいうべき殺菌剤「モルキラー

MZ」（以下、MZ）が完成するこの年に、微生物災害対策技術として「殺菌剤組成物及び殺菌剤の製造法」として特許を登録されました。

塩素消毒のどこが、どうして問題なのか？

実のところ、レジオネラ菌そのものは塩素系の消毒剤で容易に殺菌ができ、残留塩素0・5㎎／ℓあればものの5分もあれば十分です。ふつう、水道水には0・2〜0・4㎎／ℓの塩素が含まれていますので、目安は20分というところでしょう（だからこそ、水道水は安心して飲めるのです）。しかし、これが温泉や水施設に用いられる水のように、高アルカリ性だったり、有機物が存在する場合は話が違ってきます。

第一に、水質にアルカリの多い温泉などでは、塩素の効力が大幅に低下してしまい、pHが8の環境ではわずか24％しか発揮できません。同じことは、循環式のプールや水施設、さらに家庭の追い炊き機能付きのお風呂でも起こり、塩素が時間が経つにつれ消耗してしまい、せっかく入れた塩素剤も殺菌効果はほとんどあがらなくなります。そして第二に、より大きな問題として、有機物の多い水質ではアメーバなどのさまざまな微生物がバイオフィルム（ぬめりはその一種）を形成し、その中にレジオネラ菌が共存していることがあります。

皆さんも、見たことがあるでしょう？

家庭の水回り、たとえばシンクの隅や浴室の床や壁などに、知らないうちに現れている淡紅色のシミとぬめり――あれはメチロバクテリウムという細菌であり、大量の塩素によって消毒をしているはずの水道水のなかでも生存しているという何よりの証拠です。実験では、残留塩素濃度０・１㎎／ℓではグラム陰性菌であるシュードモナス、メチロバクテリウムとも30分接触で殺菌率は95％に届かず、０・５㎎で20分接触でシュードモナスは殺菌できたものの、塩素抵抗性の強いメチロバクテリウムはさらに１㎎／ℓの高濃度で15分接触させても５％が残ったほど、これらの菌の塩素抵抗性は高いことがわかっています。

もちろん、メチロバクテリウムそのものは日和見感染の原因菌という程度で、免疫力の弱い方を除けば、直接に健康に被害をおよぼすことはほとんどありません。でも、淡紅色のシミは塩素が主成分のカビ取り剤を使っても脱色できず、それがやがてスライム（ぬめり）を生じ、じわじわと広がるなかで、レジオネラ菌なども含んだバイオフィルムの〝大要塞〟に成長するというのでは、放っておくわけにいかないでしょう。

とはいえ、塩素による殺菌で1㎎／ℓというのは、10％次亜塩素酸のマウスによる実験でLD50値6・8㎎／kgの経口毒性があり、たとえば浴室や浴場で実用に供するには入浴する人の身体に危険が大きすぎます。LD50値とは、実験動物に投与された化学物質により50％が死亡したときの数値で、この値が小さいほど毒性が強いという証拠。次亜塩素酸の10％液で6・8㎎／kgがどれくらいの数字かというと、体重50kgの大人でも経口0・6gで半数は死亡するというほどの強い毒性になるのですから、とても使える分量ではありません。

そのうえ、塩素剤は概して酸化力が強力なため、その分、金属類や天然繊維のほとんどを腐食させます。第1章で例にあげた「かんぽの宿」の惨状や、まちなかで見かけるビルのクーリングタワーの例は典型で、長い年月の塩素消毒によって施設はボロボロ、タワーの内部も錆びつきながら、検査をするとレジオネラ菌は少しも減っていないというありさま――要は、低濃度ではバイオフィルムを除去できず、できたとしてもすぐに再生してしまうため、週に1回は消毒が必要になる半面、高濃度では利用者の健康や周囲の設備環境に危険というのが、塩素消毒の現実なのです。

バリアを破壊し、菌を殺す「モルキラーMZ」

レジオネラ対策に取り組み始めた私どもとしては、このように効果は上がらず害ばかりという〝守護神〟塩素消毒に代わる対策を生み出すことが喫緊の課題でした。すなわち、菌を確実に殺す一方で、人体や周囲の環境に対しては安心・安全な方法を早急に生み出す必要があったわけです。

こうして誕生したのが、わが「モルキラーMZ」でした。

今から思うと、私どもが対レジオネラの〝切り札〟であるMZの開発に成功したのも、長年、防カビひと筋に研究を続けてきたおかげといえるかもしれません。

というのも、ＭＺは他ならぬ防カビ剤「モルシール」に使われていた第４級アンモニウム塩、そしてフェノキシエタノールをその主成分のひとつとして開発されているからです。そもそもは１９８０年から住宅のカビ問題に取り組むなか、この薬剤に効果があることを発見。以後、現場でのデータを蓄積し、その後、工法・殺菌剤・消臭剤・防カビ塗料として特許出願を経たもので、すでに44年を超えるreal evidenceの積み重ねがあります。

その間には、２０１２年に発見され世界的に感染が拡大したＭＥＲＳの流行時、厚労省が各病院向けに通達した対策のひとつとして、アルコール単体での消毒だけでなく、別の殺菌剤を添加して相乗効果を出すことを提案。そのなかで、第４級アンモニウム塩の使用が推奨された他、後述のように２００６年にはレジオネラ菌対策として、従来の塩素一辺倒の方針が転機を迎えたことなども追い風となり、現在は年間の出荷も６ｔと年々需要が大幅に拡大を見せています。

第３章でも少し触れたように、もともとこの第４級アンモニウム塩とフェノキシエタノールは、「モルシール」においては主役となる防カビ剤の働きを助け、施工面の殺菌と薬剤のなめらかな定着、さらに品質保持の役割を担当。いわゆる「薄塗りの重ね塗り」において施工の確実性を高めるとともに、防カビ効果を長く維持する働きをする、いわば〝脇役〟という位置づけでした。が、古畑先生によると、特に第4級アンモニウム塩には、殺菌剤として〝主役〟級の役割がおおいに期待できるというのです。

しかも、その効果はというと、不安定な部分の多い塩素殺菌に比べてずっと大きく、施設自体や周囲の環境にかかる負担はほとんどゼロというのですから、これを試さない手はありません。第4級アンモニウム塩であれば、「モルシール」の製造や取り扱いを通じ、まさに勝手知ったるところであり、MZの開発が1年足らずという速さで成功したのも、私どもにこうしたアドバンテージがあってのことだと思います。

MZの主成分としての第4級アンモニウム塩は、現在ひとまとめにして「有機系殺菌剤」のひとつに分類されていますが、他にもビグアニド類（クロルヘキシジン塩など）やイソチアゾリン類（5-クロロ-2-メチル-4-イソチアゾリン-3-オンなど）、さらにアルデヒド類（グルタルアルデヒド）といった多くの化学物質があり、作用機構や有効濃度、安全性などはさまざまです。

これら有機系殺菌剤は水に溶けた際に陽イオンを電離し、セルロースやたんぱく質など陰性に荷電した高分子を結合しやすい性質をもち、各種の菌類に対する消毒効果のあることがわかっていました。とりわけ、ＭＺの主成分である第４級アンモニウム塩では、この陽イオンを電離する性質が大きく、通常の石鹸（普通石鹸）が水に溶けて陰イオンを電離して界面活性の性質を示すのに対し、「逆性石鹸」と呼ばれるほどの殺菌効果が認められています。

一方、ここまで何度も繰り返してきたように、レジオネラ菌の撃退が難しい理由のひとつは、菌そのものがバイオフィルムと呼ばれる〝要塞〟に守られているという点。すなわち、湯水を循環させてきれいにするはずの濾過装置を中心に、アメーバなどの原生動物、藻類や耐塩素細菌が繁殖してバイオフィルム（生物膜）を形成し、それに守られるかたちでレジオネラ菌が増殖するのが大きな障壁になります。これに加えて、濾過装置内の濾剤（石や砂など）が塩素で固まり、そこに水が通る〝道〟ができてしまい、殺菌剤の成分が届かないのも問題です。

これに対して有機系殺菌剤、なかでも第4級アンモニウム塩を主成分とするＭＺは、バイオフィルムの要塞の壁を壊し、内部に潜むレジオネラ菌本体を叩く効果が大きいのがメリット。実際、第4級アンモニウム塩とフェノキシエタノールの混合液を使った実験では、アメーバに対する細胞致死率10分で90％、60分で100％と非常に高いことがわかりました。

当然、これを投入した濾過槽ではアメーバは検出されず、スライムの発生も見られないため、レジオネラ菌に対する高い殺菌効果を発揮することはいうまでもありません。

具体的には、水道水の法定塩素濃度の範囲内を維持しながら、安全性の高いＭＺを用いることで、メチロバクテリウムによる床スライムやレジオネラ菌の温床になるバイオフィルムの発生はほぼ皆無。レジオネラ菌に対しては、第4級アンモニウム塩の24時間以内試験管殺菌濃度が72㎎／ℓ（財団法人ビル管理教育センター／新版レジオネラ症防止指針）とされるところ、ＭＺは10分間作用で20㎎／ℓ、実用上では5ｐｐ m（5㎎／ℓ）という高い有効性が確認されています（一般使用濃度の1250倍で大腸菌をはじめ緑膿菌などの細菌は2・5分で100％殺菌、24時間作用では10ppmで浴槽内のレジオネラ菌・大腸菌は発育不能）。

加えて、第3章でも触れたように、殺菌剤としての第4級アンモニウム塩には、環境表面に残留し除菌効果の持続が期待できるのも大きな長所です。これにより、限られた分量とコストで細菌の増加を抑制することができます。一方、安全面でも第4級アンモニウム塩のマウス実験におけるLD50値350㎎／㎏に対し、MZは同5000㎎／㎏とその高さはまさに桁違い。わずかな短所として、鉄イオンの大量にあるところでは色の変化が起こる可能性を除き、わがMZが従来の塩素消毒に対して明らかな優位性をもつことは間違いありません。

確実、安全、低コスト——いいことづくめの殺菌法

対レジオネラ菌の新たな〝切り札〟であるMZは、その使い方も至ってシンプルです。

温泉や水施設のレジオネラ菌対策としては、循環用の設備や配管・継ぎ手など湯水が滞留して、いわゆる「死水」となる箇所にバイオフィルムが生成。菌の温床になりますので、こうした箇所を重点的に消毒するべく、薬液を注入後に循環を行い、バイオフィルムやスライムを完全に排出します。

これによって、本来殺菌しやすいレジオネラ菌は自然に取り除かれ、あとは定期的に補給水の容量に応じて機械注入、または計量カップなどを使って後述する量を手で投入すれば、施設内に再びレジオネラ菌が発生することはありません。エアロゾルでレジオネラ菌をまき散らす恐れのあるビルのクーリングタワーでは、検査当日の水使用を数時間から半日ほど禁止し、タワーのタンクにMZを投入、汲み上げポンプを

使っての循環の後に排水する方法が有効になります。

作業の前後には、後述する厚労省の方針にもある通り、レジオネラ菌の有無を確認するために、きちんと検査をすることが重要です。これについては、設備それぞれに違いがあるため、最初の段階で検査のためのマニュアルを作成しておくといいでしょう。あいにく、この点については、従来の塩素消毒の場合と同様に外部の業者に依頼する必要があり、私どもでも検査の依頼をお受けしています。

作業に当たって、長く塩素殺菌を続けてきた施設の場合、特に循環装置内の濾材は固くなっているために、これを剥がすには相当の手間がかかるでしょう。その場合は、思い切って濾材ごと交換するほうが、その後の状態も良くなると思います。塩素のせいで固まってしまった濾材には〝水みち〟ができてしまうため、その部分にレジオネラ菌が多く隠れ潜んでいる危険性が大。それでは、せっかくMZによる殺菌をしても、菌が再び発生、繁殖してしまうからです。

MZを投入後、レジオネラ菌に対する効果が出てくる時間はおよそ20分ほどで、速度的には循環式浴槽で1～2回を目安にしっかり洗浄。その後、全体の湯水を交換します。そうしておけば、72時間後には濃度0・32㎎／ℓ以下になり、投入した80％は消滅し、あとの20％はフィルターやパイプなどに付着してこれを保護してくれます。

使用する量は、当然ながら施設や設備の規模により違ってきますが、温泉であれば浴槽の大きさ（循環装置、パイプなども含む）の総水量1tに対して、初回時にMZを500～600㎖投入して2時間ほど循環させて洗浄、逆洗・排水をすればOK。継続的な日常使用としては、新たに湯を入れた状態でMZを10～20㎖／t入れておけば、それで十分です。以後は、定期的な配管洗浄として1t当たり500㎖を1年に1回の目安で添加することで、レジオネラ菌への不安は一掃されるでしょう。

気になるコスト面も、温泉施設の配管洗浄に年間300万円かかっていたのが、何と半額以下に。塩素の継続使用のせいでかかる高額な設備改修費用も不要になり、ずっとお得。そのため、薬剤をケチったり、水位を下げて作業をし、結果的に菌が再生する〝元の木阿弥〟（第1章参照）の心配はありません。床のぬめり（スライム）もあふれた湯の中の成分が洗い流してくれますし、気になる場合は50㎖／㎥を直接かけることで、レジオネラ菌を守る〝要塞〟バイオフィルムができあがる前に叩いておけます。

濃度の点でも塩素の０・２～０・４㎎／ℓよりずっと低い０・０２㎖／ℓのため、気になる臭いがなく、泉質に悪影響が生じないのもＭＺのメリットです。

ここまで読めばお気づきと思いますが、ごく簡単な作業でしっかりと洗浄できるＭＺでは、従来の塩素を使った配管洗浄のように、専門の業者に依頼する必要もありません。基本は湯水に薬液を加えて循環させるだけですので、施設のスタッフが日常の業務の合間を見て作業できるという人手の面（ということはコスト面も）の簡便性も魅力。また、特に温泉の場合に気になる温泉成分への影響がなく、塩素のような異臭も残らずとあっては、まさにいいことづくめです。

現状は、ほとんどが業務用に用いられているＭＺですが、ご家庭の循環式浴槽、いわゆる〝24時間風呂〟の洗浄にももちろん効果が期待できます。これは、後述する自衛隊の宿舎での検証からも明らかで、レジオネラ菌のリスクはいよいよ身近になり、その対策の必要性がそれだけ高まっているといえるでしょう。家庭ではまた、近年、ごく当たり前のように設置されている空気清浄機や加湿器も、フィルターや水タンクにレジオネラ菌が発生する恐れがあり、これに備えるには薬液をフィルターに噴霧し、水タンクに数適垂らすだけで備えになります。

ＭＺには、５ｐｐｍ程度で消臭の効果があることもわかっており、空気清浄機や加湿器と併用すれば、部屋の空気は臭いからきれいにできます。さらに、これはあくまで「個人の感想」になりますが、わが家では自宅の風呂や空気清浄機にＭＺを用いるようになってから、家族がめっきり風邪をひかなくなったり、先のｃｏｖｉｄ-19の折も誰も感染せずに（感染していたとしても無症状で）済むなど、もしかするとレジオネラ菌ならぬＭＺのエアロゾル効果があるのかもしれません。

実証された効果、でも突然の横ヤリが……

かくして１９９６年、開発に成功した「ＭＺ」の効果を実地に試す機会は、すぐにやってきました。

翌97年、埼玉県は入間の自衛隊基地からの依頼で、隊員宿舎の浴場におけるレジオネラの検査と洗浄を行うことになったのです。

当日、基地へとおうかがいし、案内された現場の浴場は、主として若い隊員が使う循環式の「24時間風呂」でした。見たところ、浴槽の湯水はきれいでしたが、経路には10ｔのタンクと設置後10年の間に一度も蓋を開けたことがない（！）という濾過装置があります。作業前に検査用の湯水を採取すると、早速、5ｔ（浴槽ふたつ）の湯水に対してMZを2ℓ投入して循環を開始。5分が経過したとき、湯面に小さな花びらのようなものがプカリと出てきて、あわててタオルですくったところ、その後、10分、20分と経つうちにはブクブクという泡立ちとともに花びらの量はみるみる増えていきます。それとともに、きれいだった浴槽は汚らしいコーヒー色になってしまいました。

97年より前にお聞きした都立衛生研究所の担当者によると、その花びらのようなものこそ、まさに濾過装置やパイプなどにへばりついていたバイオフィルムの残骸とのこと。通常の塩素使用ではけっして見られない、何ともすさまじい光景に驚くととももに、難攻不落の〝要塞〟攻略に関してＭＺの効果にあらためて自信をもてる経験となりました。

実際、ＭＺの①使用前、②使用中、および③湯水の交換直後、④2日後と、それぞれの検体を衛生研究所で検査してもらったところ――

	大腸菌群（1mℓ中）	レジオネラ菌（100mℓ中）
①	2100	50000
②	120	120
③	0	0
④	0	0

――という結果が出され、わがＭＺが有害な菌に明確で持続的な殺菌効果を示したことは明らかです。

私どもでは、2004年から日本最古の温泉地のひとつとされる、愛媛県は道後温泉にほど近い奥道後の某ホテルや県立の介護職研修センターでも、同様の洗浄と検査を20年にわたり実施。露天風呂の岩材にぬめり（バイオフィルム）ができていたのを、

50㎖／ℓを直接かけて以後、レジオネラ菌の検出がぴたりととまっています。折も折、本社を置く千葉県からは各地のレジオネラ症感染報告を受けて、県内の温泉と宿泊施設、スーパー銭湯などの検査の分担要請があり、全国的にも有名な「スパ＆リゾート九十九里　太陽の里」や館山周辺の民宿全戸の検査を実施するなか、依頼によりＭＺでの洗浄作業も行い、地元での認知も少しずつ広がっていきました。

こうして96年からレジオネラ対策事業に着手し、自衛隊の施設、愛媛県の公共施設等で対策に取り組み始めた２０００年代において、その後も各地で多くの感染者と死者を出す痛ましい事件が数多く発生。それらを機に、レジオネラ菌への周知が広まり、全国的に大きな社会問題となったことを思い返すたび、いやしくも防カビと防菌を生業とする職業人として慚愧の念に堪えないというのが、今も強く残る思いです。

国が第４級アンモニウム塩による消毒をなかなか認めようとしなかったのには、実はひとつの理由があり、この点は私どもとしても長年にわたる懸案となっていました。

それは、陽イオンを電離する第４級アンモニウム塩の場合、低濃度では測定ができないという点で、これがわからないことには商品自体の組成はもちろん、使用の際の適量についても明確な数値で示すことができません（水道水の水質検査に陰イオンがあっても、陽イオンの項目がないのもこのためです）。私どもでは、これに対してフェノキシエタノールを混合し、第4級アンモニウム塩との結合量を計測・積算する方法を開発。もともと建材全般からホルマリンを抜くことを目的に購入した計測機を使い、現在は両者の結合が描くカーブを測定して正確な濃度を確認できるようになりました。

これについては、陽イオンを電離する第4級アンモニウム塩が、フェノキシエタノールと化学的に混合可能なものであるかどうか？　という疑義が各方面から出されたこともありました。カビのプロでこそあれ、化学の専門家ではない身としては、思うように反論もできず、ときには「できたらノーベル賞ものだよ」などと真剣に指摘されたこともありますが、何と2022年のノーベル化学賞を受賞した「クリックケミストリー」の理論によれば、こうした混合もシンプルに説明できることに、こちらの方が驚いたほどです。

塩素からの劇的転換、ついに動いた国の方針

フェノキシエタノールにはもともと緑膿菌に対する優れた殺菌効果があり、化粧品などの防腐剤としての働きも期待できるうえ、媒体として薬剤の定着にも大きな役割を果たします。他にも、セメントの増粘剤としても活用されています。かつてはミクロレベルの調節で行っていた第4級アンモニウム塩との配合は、長年の経験と追試によってベストの比率を掴んできましたが。ここに、画期的な濃度測定の方法が確立したことで、安全・安心かつ確実な効果が期待できることになったわけです。

さて、このように各地で同様の集団感染が頻発するなか、私が理事長を務めるNPO法人環境微生物災害対策協会による申し入れを行い、その3カ月後の2006年8月24日、厚労省は「公衆浴場における衛生等管理要領について」によってようやく塩素オンリーのレジオネラ対策方針を大きく変え、他の消毒についても選択肢として認めるに至ります。同年8月に健康局生活衛生課長名で出された「公衆浴場における衛

生等管理要領について」には、次のような記述がなされました。

この管理要領においては、浴槽水の消毒に関して別紙のとおり示しており、この中でオゾン殺菌等他の消毒方法の使用についても規定しているところであるが、これについては、塩素系薬剤が使用できない場合及び塩素系薬剤の効果が減弱する場合のみに限定してそれらの消毒方法の使用を認めるというものではなく、塩素系薬剤が使用できる浴槽水であっても、適切な衛生措置を行うのであればそれらの消毒方法を使用できるという趣旨であるので、この旨御了知願いたい。

従来の方針の転換に際し、不本意ながら認めるという姿勢がありありで、何ともわかりにくい典型的な〝お役人文書〟ではありますが、ともかく「適切な衛生措置を行うのであれば」との条件付きで、塩素以外の方法を使用できるとしたのは劇的と言えるでしょう。この場合の「適切な衛生措置」というのは、洗浄を実施し、検査を行い、レジオネラ菌が陰性であることを確認するという意味で、私どもモルテックの方法により、適量・適時を定めて正しく行えば良いということです。

とはいえ、右に書かれた「別紙」には、次亜塩素酸系消毒剤（塩素）がなお筆頭に鎮座。以下、その他大勢という扱いではありますけれど、その頃にはMZによる私どものレジオネラ対策も20年を数え、その間に殺菌の失敗や菌の再生事例は皆無ということもあって、手法も完全に確立していました。その後、2015年には「循環式浴槽におけるレジオネラ症防止対策マニュアル」も改正され、「塩素以外の適切な衛生措置・塩素系以外の消毒方法を使用できる」と文書で認めるなど、今や対レジオネラに関しては塩素消毒が時代遅れの誤った方法となったことは明らかです。

前の章で、防カビにまつわるrealとdeskのふたつのevidenceについて述べましたが、ここにあげたレジオネラ対策の推移について、私は「センメルヴェイス反射」という医学上の故事を思い出します。

センメルヴェイス・イグナーツ・フュレプ（1818～1865）はドイツ系ハンガリー人の医師で、手洗いによる消毒の効果をとなえたことで知られる人物です。当時は産褥熱で亡くなる母親が非常に多く、これを何とか減らそうと観察・研究を行ったセンメルヴェイスは、1847年に次亜塩素酸カルシウムを使っての手洗いで、死亡率を1％未満に減少させられると発表。しかし、当時の医学界には手を洗う習慣がなく、手洗いと死亡率に相関関係があるという彼の主張は理解されませんでした。

結局、センメルヴェイスは各方面からの無理解と誹謗中傷にさらされ、精神を病んだ後に悲劇的な最期を遂げますが、その死後、多くの発見を通じて彼の「手洗い理論」は広く認知。現在では〝母親たちの救い主〟として功績が称えられ、医療従事者だけでなく一般の人々までが手洗いの重要性を理解しています。

ちなみに、わが国においては日本防菌防黴学会が発表し、世間の常識を変えた好例のひとつとして、注射のときに皮膚を殺菌する際の殺菌剤の「量」と「時間」に関する指導があります。注射の際にサッとすぐ乾いてしまうような不十分な殺菌は、細菌の体内への侵入を引き起こして感染症のリスクがあります。しかし、現在は従来の方法から改善に成功し、献血のあとなどに1分間殺菌剤を塗ったまま時間をかけて殺菌を行うようにすることが新たな「常識」となっています。これは、同学会が果たした最も大きな成果だと、私は思っています。

今日、「センメルヴェイス反射」と呼ばれる同時代の無理解や反発は、通説にそぐわなかったり、限られた常識から説明できなかったりの事実を拒絶する反応のことを指しますが、レジオネラ菌の対処方針についての国の方針は、まさにこれと同じではなかったでしょうか？　1996年の開発以来、ひたすら成功の事実を積み重ねてきた私どもとしては、賢明なる国の判断があと少し早ければと、思い返すばかりです。

本章では、おもにレジオネラ菌への対策を中心に、私どもモルテックの主力商品「モルキラーMZ」について、さまざまな角度からご紹介しました。次の章では、ここまでの本書の内容を踏まえつつ、私・吉田の歩みを振り返り、防カビ・防菌業界の近未来を展望。読者の皆さんには、同じ目的を目指す仲間になっていただくべく、私自身のささやかな〝夢〟を知っていただきたいと思います。

第5章

カビとの出会い
実際に取り組む一人の足跡

逃げる細菌　１９８０年６月

１９８０年の春、伊東市で研究・実験室を自宅の空地に設置してから、最初の難題が降りかかります。微生物の微生物たるゆえんといえるでしょうか、当時〝仮免許〟の新米の身には厳しい天の教えでした。

当時は、いわゆる「カビ取り剤」が市販され始め、やがて誰もが知っている「カビキラー」が市民権を得る前のことです。

現場は標準の４階建てＲＣ構造の店舗兼住居の階段室でした。下から最上階に至るまでの壁面・天井が薄汚れた感じだったのを、防カビ剤を混ぜた白色のエマルジョン塗料で施工、もちろん住居の繊維壁の塗り替えも含めての工事でした。

塗装工事が終わり、内装に入って２、３日後のことです。階段踊り場の角の柱の下から50～60㎝のところに20㎠くらいの肌色のシミが、ちょうど雨漏りの痕のように出ていたのです。たいしたことはないだろうと思い、単純にその上から重ね塗りをして事を済ませたと思ったのですが、翌日夕方になり、そこの場所自体はきれいになっていたものの、今度は角ではない50〜60㎝離れた隣の壁面に、ところどころ血のにじみ出たような色が出ているではありませんか。それを見たときは、薄暗い階段の踊り場ということもあり、物の怪のしわざでは……と、何やら背筋が冷たくなったのを覚えています。

翌日、その部分をこすり落とし、下地からていねいに時間をかけて養生しながら、午前中いっぱいをかけて修復しました。ところが今度は、わずか3時間後に最初に出たところを中心に反対側にやや大きく、あざ笑うかのようにシミが出ています。そこでようやく、これは物の怪などではない、微生物、カビの本性であると思いついたのです。

表面からの防カビ剤に反発する菌は何者だろうか？　すぐに、その部分を削り取り、手持ちの培地の上に塗布してみたところ、真菌用の培地で十分な発育を見ました。早速、試験管に移植して井上微生物災害研究所で見てもらったのですが、はっきりとはわからずに「酵母かな」という程度です。その後、夏になり、私どもの研究室にはまだクーラーがなかったため、西日で温度が急上昇（といっても40℃ほど）すると発育は停止してしまいました。

正体は結局わからなかったのですが、その後10年ほど経って、当時、家政大学の微生物学（真菌）の教授とそのときのことを話すうち、「それはセラチア*では」といわれ、それまで防カビ対策としてあまり重視していなかったこの菌に、おおいに注意をはらうきっかけとなります。さらに10年後、それが総合的な微生物災害対策技術となり、モルテック工法の確立、そしてレジオネラ対策になったわけですが、当時はそうしたことは何もわかっていませんでした。

「逃げる細菌」の正体であるセラチアとは、その後、何度も出会うことになるのですが、色素はやや紫がかった赤色を特徴とするようです。そのときの色素は大部分が肌色に近かったため、それとは気づかなかったのでしょう。先の家政大学の教授は、部分的に血のような色のところがあったということで、セラチアの疑いをもたれたのだと思います。

このときの施工のおかげで学んだことは多く、分けても参考文献や薬剤の基本的な効能を記したデータと現場での反応には大きなへだたりがあるのを知ったことは、大きな学びとなりました。ただ、誤解があるといけないので、付け加えておきますが、ここでいう「大きなへだたり」というのは、単にデータが信頼できないということではなく、あくまで基礎的なものだという意味であり、重要であることには変わりはありません。それを参考にして応用する者の知識、経験によりその価値も大きなへだたりがあるということです。

これについては、すでにdesk evidenceとreal evidenceということでたびたび紹介してきましたが、微生物災害対策においては最も重要な戒めであると思っています。

塗装工事・左官工事、分けても塗装工事は私自身に自動車塗装の経験もあることから、作業そのものは何のためらいもなく進行できたのですが、防カビ技術そのものはようやく学問的に緒についたばかり。防菌防黴学会にしても数年前に設立されたばか

＊セラチア属：グラム陰性の桿菌。運動性がある腸内細菌で、赤色系のプロジギオシンを生成する。旧名をクロモバクテリウム・プロディギオスムといい、教会用のパンを2、3日放置したときに血のような赤い色で染まったことから命名。その由来は、キリストが受難の際にエジプトのパン屋のパンがいっせいに赤色に染まったことからだといわれている。

りの当時、建物の防カビについては文字通り机上の技術でした。その後、今日に至るまで多くの修羅場のような臨場を経て、私どもとしての技術を確立していくわけですが、モデルもなく、経験者も少なく、学ぶところもほとんどない、ましてや既存のどの職種にも当てはまらない孤立した職業だった当時は、本当に発見と試行錯誤の連続です。

話をくだんの現場の件に戻すと、このときにカビはきれいに漂白して、さらにアルコールで二次殺菌して防カビ剤入りの塗料で仕上げることを自然に行ったのですが、その時代、アルコールでカビの発育面を殺菌して防カビ剤入りの塗装を行うというのは、防カビ業を志す2、3の業者では行っていたようです。

しかし、今日になってみれば、私どもが行った「一度クリーンな状態に戻した後、新しい施工を行う」という方法のほうが正しかったと思います。その場合は現在、汚染しているカビを取り除いてしまうわけで、たとえばカビを同定するなどという手間をかけず、標準施工化につなげられる点が大きな長所となるからです。

理想的には、誰もが基本的な知識をもてば容易に施工して成功するかたちにしたかったからで、たとえば人体にできるガンでも、転移する前に完全に取り除くことができれば、余命は大幅に伸びるのと同じ発想といえるでしょう。環境のカビの場合も、近年になり問題となっている浴槽水のレジオネラ菌の場合も、クリーンな状態に戻し、そこから合理的な防止対策を行えば、今ではほぼ満点に近い良好な結果を得られることが実証されています。

私どもでは、本件の後、天城地方の別荘のカビを多く経験しました。そのとき、透明なクリア剤をベースに、防カビ剤を固定して結露があっても流出しない――たとえば浴室でも長期間維持できる方法を考えついたのです。それが後に「耐久性防カビ方法」という特許工法となったわけで、防カビ技術のような単純で奥の深い、そしてあらゆるところに関係してくる応用範囲の広い環境対策技術の勉強の第一歩となった本件は、今考えれば千載一遇のチャンスを神から与えられたものと、40年以上が経った今もつくづく思い返す次第です。

捨て猫と防カビ剤　1981年4月

81年頃、伊豆の別荘地の防カビ対策を行っていた当時、ある日、暗くなって帰る途中に道端の草むらから悲しげな鳴き声が聞こえました。車を止めて探してみると、2匹の生まれたての子猫がニャーニャーと呼んでいるのです。

まだへその緒のついたごく小さい子猫で、そのときに鳴き声が聴こえなければ、通り過ぎてしまったでしょう。ともあれ連れ帰り、そのうちの1匹は無事に育って、数カ月後には別荘の工事にも連れ歩くようになりました。伊豆から船橋、そして大網、その間の一時、伊豆高原の姉の家に預けたこともありましたが、猫は「家に居つく」という定説とは違い、伊豆で3カ所ほど住まいを変えたにもかかわらず、結局は私どもの本社である大網で21年と数カ月の生涯を終えることになります。

この猫が船橋に住んでいたときのことですが、元気がなく、お尻に回虫とおぼしき糸くずのような虫を一匹つけていたことがありました。そこで、防カビ剤「モルシール」の原体のひとつであるＴＢＺを薬のカプセルに入れ（体重1kgにつき200mg）、口に押し込んだところ、翌朝、それこそ大量の回虫が外に押し出されていました。さらに念のため、もう一回同量を投入したのですが、もう翌日には出ず、その後、当の猫はたちまち元気を回復しました。

第3章でご紹介したＴＢＺ、チアベンダゾールは代表的な防カビ剤で、アメリカのメルク社の製品。世界各国で使用され、現在はおもに中国の江蘇省で生産されています。わが国でも78年に輸入が開始され、果実の防カビ剤として許可されました。当初は、都立衛生研究所の発表でマウスを使った実験で催奇形性があると指摘されますが、その後、実験方法などについて問題のあったことがわかり、現在では沙汰やみとなっています。

すべての化学製品には、未知の有害性があり得ることは、いうまでもありません。そこで、私どもが最も重要視しているのは疫学的考察であり、証明です。それには少なくとも10年を超える証明が必要ですが、現在の防カビ技術は以下の点から、安全性・確実性においてプロユースとしての地位を十分に得られる権利を有することが、証明されていると考えています。

・アメリカにおいて1日4g／人の内服を続け、2カ年後にまったく身体的の異常が認められなかった。被験者は200名におよび、TBZは体内に蓄積されず、少しずつ分解して完全に排泄されることが確認された。

・犬に毎日200mg／kgの割合で1年にわたって内服させても、副作用が認められず、死亡例がなく、駆虫効果が認められ、動物用駆虫剤としてアメリカなど海外主要牧場で使用されている。

※いずれも77年10月工学図書刊『微生物災害と防止技術』井上真由美著より。

右の文献により、愛猫の体重5kgに対して0・1gつまり200mg／kgに相当する量を2日間投与したわけですが、同文献には他の防カビ剤についても詳しく紹介され、研究もされていて、今日の防カビ技術の発展には欠かせない有益な論文であり、必読の参考書といえるでしょう。

さて、くだんの雄猫はといえば、先に述べた通り21年という猫としては驚異的な長命で生涯を終えるのですが、最後の1カ月くらいは人間でいえば寝たきりの状態。それでも排泄物はトイレに行ってしていましたが、口から吐くものはどうしようもなく、日頃愛用しているカーペットの汚れとなり、最後は力尽きて大往生しました。

当然、そのカーペットは廃棄すべく工場に持っていくことになりましたが、その前に、除菌剤のMZでよく拭いたうえ、乾燥後は防カビ剤の「モルシール」（調整で不可となった規格外品）を散布してそのまま数日放置、乾燥したところ、実にきれいになっただけでなく、臭いもすっかり取れ、新品同様に再生されているではありませんか。もったいないので廃棄するのはやめにして、約10年後の今日も使用しています。

捨て猫だったため母乳では育てられず、母体からの免疫は与えられませんでしたが、それでもケガをして入院した以外は大病はしませんでした。防カビ剤の消臭効果と防臭効果（特許出願の実施例のひとつ）の成果を証明する置き土産を残し、今はわが家の庭の片隅の小さな石の下に安らかに眠っています。

山梨の風呂で知ったこと

1983年4月

「逃げる細菌」のところで、セラチアのことを述べましたが、同じような色素でセラチアに比べて桃色の明るい色素を出す、同じくグラム陰性の細菌であるメチロバクテリウムという細菌のお話をしましょう。

この菌は飲料用のタンクからもしばしば検出され、水道法に定める0・1㎎/ℓの次亜塩素酸ナトリウムではほとんど殺菌されず、1・0㎎/ℓでも生存率の高いカロチノイド（植物界に広くある黄色〜赤色の色素）とバクテリオクロロフィル（青緑色の色素でマグネシウムを含む）でスライムを形成したときは、この菌によるものとされています（古畑勝則・小池和子　平5-11）。

この菌はしばしば水回りの防カビ施工で遭遇します。ここでは、データ上ではわからない殺菌剤の現場での使用の適不適、安全性の問題の例として、お話ししましょう。

ある山梨の農家の広々とした漆喰壁鏝《しっくいかべこて》仕上げの浴室に、安全性が高く効果においても低濃度で良いということで、「捨て猫」の話にも出てきた当時輸入されたばかりの防カビ剤を、実用上の試験ということで新たに使うことになりました。ちなみに、その安全性は——

急性経口毒性LD50　1750mg／kg　ラット
急性経皮毒性LD50　9280mg／kg　ラット

とあり、カビについてのMICは3〜30ppmの評価であるとのことですが、ポリマー中にヒ素が90〜150ppm含有しているとありました（現在はOECDの取り決めにより動物実験は禁止されています）。当時もヒ素の含有については疑問視していましたが、自然界にも含有しているものはあり、その一部を抜粋すればカニ46ppm、車エビ72ppm、イガイ80ppmなど海産物には多く、さらに有機ヒ素は無機のヒ素に比べてはるかに毒性が低いと説明されています。こうしたことから、口に入れることのない塗料であれば安全性については問題はないとの判断で仕上げの水性塗料に入れ、仕上げるのです。

LD50とはLD＝致死率のことで50は％を意味します。急性毒性はふつう、数回に分けて徐々に濃度を高く強制的に漏斗で注入して2週間くらいの間に行って死亡率が50％を超えたところで終了します。生存したものおよび対照とした無添加の動物も、最後はすべて解剖して主要臓器を点検します。

急性経口毒性はＬＤ50　２０００㎎／ℓ以上で「普通物」という評価をします。たとえば、塩の毒性はＬＤ50　５０００㎎／ℓです。経皮毒性は、皮膚一次刺激性試験としてウサギを用いてするのが一般的で、前期の試験品のＬＤ50の表記は意味が不明でした。この他、吸入毒性ではＬＣを用いています。これら安全性に対する試験方法は主なものだけでも20以上もあります。

新規の化学物質については、これらのデータを必要とするものの他、医薬品では臨床試験を求められています。

化学物質の審査及び製造等の規制に関する法律第3条第1項に基づき、新規化学物質は届け出が必要となりますが、最近の防菌・防カビ剤では効力・持続性向上のために新しい薬剤の合成よりも混合合成、マイクロカプセル化などの開発が進められ、このような場合は既存化学物質の化学反応を伴わない混合物は新規化学物質として取り扱われず、同法の適用を受けない、とされています。

モルテックの開発品はこの規定に基づいたもので、殺菌剤は合理的な混合物でその代表が「ＭＺ」シリーズです。また、マイクロカプセル化に準じた方法を用いたのが防カビ剤の「モルシール」です。しかし、当然のことながら安全性試験については、それぞれ公的機関、事実上の効果試験は臨場的試験を自社研究室にて行っています。これは、ＪＩＳ規格では臨場では対応ができないためです。

さて、件の山梨の風呂では、除カビ後に下地用防カビシールを塗布し、右の輸入防カビ剤を水性塗料に適量入れ、十分攪拌した後にローラー刷毛で仕上げ、仕上げ面には防カビシールは塗布せずに乾燥。施工自体は無事に終了したのですが、この材料は刺激が強く、とても一般作業には向かないものでした。この材料により、現場でも使用できるものと、工場内の設備のあるところで特定の方法でしか使用できないものとの選別の方法が簡単にわかることを覚えたのは大きな利点でした。

そしてもうひとつ、その後へ向けた課題も見つかりました。というのも、無事に施工を終えた翌日、驚いたことに今度は風呂に隣接したボイラー室の漆喰壁が一面ピンク色になっていたのです。明らかにメチロバクテリウムで、前の「逃げる細菌」と同じような反応が、より大きく顕著な規模で起こったと思われます。

この時のことを通じ、多様な微生物が共存する現実の環境では、防カビだけでなく、対細菌も含めた総合的な微生物災害への対策技術が必要であることをあらためて痛感しました。

頭を抱えてしゃがみ込む番頭さん

１９８４年４月

山中湖畔、忍野村に産業用機械最大手の「ファナック」が、東京日野市から移転したときのことです。工場群とともに、そこで働く人のための多数の社宅群ができました。その際、私どもも大手・準大手建設会社数社の依頼により、社宅の施工に関わりました。湖と沼の多い地形であり、ご多分に洩れずカビの問題が発生しました。なかで、クロス業者が接着剤の合成ヤマト糊に殺菌剤入りで自信をもって対策方法として貼ったところ、問題が発生したとのこと。知らせを受けて私が行ってみると、現場では「番頭さん」（クロス業界では問屋の営業さんをこう呼びます）が頭を抱えて座り込んでいます。現場には強い刺激臭が漂っており、どうも殺菌剤としてホルマリンを入れたのでしょう。ボード全面ではなく、つなぎ目の部分から黒く盛り上がって流れるようになっています。

ところが、そんなふうに刺激の強さに涙を流してクロスを貼っても、カビを防げるとは限りません。それどころか、多くの場合はカビの逆襲を受け、またしても番頭さんが頭を抱えることになることはしばしばあります。

クロス材も最近は、防カビ剤を製造過程で添加したものが多くなりましたが、本件に限らず防カビ入りを過信して、問題を起こすことがあとを絶ちません。

新しい土地で土を掘って基礎工事をするわけですから、それは好気性の微生物にとって活性化する条件を与えるのと同じです。森を切り開いてつくる豊かな大地に建つ人間の住まいは、カビにとっても好ましい環境となり、少しくらいの抗菌剤では「ちょうどいい刺激」くらいにしか感じません。

本件は、建築中の物件だったため、対外的には問題とならなかったのですが、新築で引き渡し後に問題となり、売り主と住人の間にトラブルが起こる例は枚挙にいとまがないようです。かつてはそのほとんどが、住人の側の責任とされてしまった時代がありました。今日では対応を誤ると、売り主にとってとんでもない事態になることも十分にあり得ます。

たとえば、こんなこともありました。

ある大手デベロッパーによる分譲地の新築物件の例です。私がデベロッパー本社の担当者に相談されて現地に行ってみたのですが、施主としては状態を見てくれということで最初から修復はしなくてもよい、物件を引き取ってくれというのが本音のようでした。デベロッパー側としては修復が可能という認識で私を同行させたわけですが、施主の強弁にはほとほと困った様子です。

施主の話では、中庭に池があり、それが原因で湿気が入るからだといって、これまでにカビの生えたクロスを二度張り替えさせ、池も埋めてしまったとのこと。そして三度目の修復の際、クロスメーカーも来て通気性の高い防カビ仕様のクロスに替え、施工責任者（デベロッパー側の子会社）が「これでカビが生えることはありません」と自信をもって断言し、「これでだめならやりようがない」といったといいます。施主としては「それでまた、カビが出たのだから、あとは引き取ってもらう他ない」という強硬な言い分になる道理でした。

私の見るところ、そのシミはカビではなく、防カビクロスの前処理が不備なために黄色ブドウ球菌が出ているように思えました。黄色ブドウ球菌はグラム陽性菌で、温度20℃くらいのとき、色素を産生して建物（食品工場でよく見られます）に発生。チーズかバターのように、みるみるうちに広がるのが被害の特徴です。細菌による色素は概して漂白できないものが多いのですが、グラム陽性菌であるこの菌の場合、現場でも十分に脱色ができるはずでした。

この件、私としてはオブザーバー的にそうアドバイスするしかなく、結局、デベロッパー側が折れて引き取ることになったとか。「やりようがある」のに「ない」と断言してしまった施工責任者の無責任なひと言が、解決を不能にしてしまったわけで、プロの立場が不十分な知識であやふやなことをいってしまう重大さに、あらためて怖さを感じた次第です。

漆黒の食品工場　１９８７年５月

私どもではこれまで、大型豆腐工場は何カ所か防カビ施工をしていますが、豆腐工場は水も大量に使ううえ、カビの栄養となる油も使うので汚染度は最も多いのではないでしょうか。

それに関連して、よくいわれるのが食品添加物のことです。かつて山梨県と静岡県の間のことだったと記憶しますが、豆腐の防腐剤としてＡＦ２（フリルフラマイド）という添加物を使っていた頃は、両県をはさんで販売ができたところ、これに発ガン性があるとされて72年に使用禁止となってからは、それができなくなったとか――しかし、それ以前に皮膚に対する刺激が強く、工場で働く方からは「とても使えない」とクレームが殺到していたそうで、ここでも机上のデータではわからない現場作業での安全性の確保が、防カビ施工に限らず最重要課題であることがわかります。

時代が変わって、建材工場でも、次のような話がありました。

工場でのボード生産工程で、有機ヒ素系と思われる殺菌剤を使用していたため、作業をする従業員が「使いたくない」と苦情を寄せていたということこの工場。産業廃棄物として処理されたボードから多量のヒ素が検出されたことで、10年ほど前に事態が明るみに出されました。当該の会社の防カビ対策の話をしていた私どもは、その際、実験に協力したことがあったのです。

当時は、ボードの中身よりも表面の紙の部分に抗菌する方がいいので、その試験をしていたのですが、もともと1枚当たりのコストが低いので、営業的に採算が取れないということで販売には至らなかったわけです。ところが、その後にボード面のカビの問題は会社として見過ごすことができず、窮余の一策として少量で強力な殺菌剤をボードの石膏部分に混練したことから、右のような問題が起こったのでした。

この例のように、コスト面だけを考えた施工や製品づくりが、やがて信用低下や急速な事業没落へとつながってしまう。特に食品業界では、黄色ブドウ球菌で集団食中毒を起こした２０００年の雪印乳業の例に見られるように、安全の問題は絶対的に軽視することができません。もちろん、先の豆腐工場のようにむやみに添加物に依存することなどあっていいはずはないのですが、かといってカビなどの微生物被害を無視するわけにはいかないというのは、共通した課題だと思います。

現在、食品工場には業界独自に衛生管理として定められ、公にも認められたＨＡＣＣＰ方式などがありますが、菌類に対してはけっして十分といえないのが現状のようです。実際、この項目のタイトルにある「漆黒の工場」というのは、私がかつて見た某食品工場のことで、その名の通り天井や壁が黒い塗装をしたように、びっしりとカビでおおわれていました。その点で、食品工場とカビの問題は、まだまだ解決途上の面が多いといわざるを得ません。

かつて、山梨のとある小さな豆腐店では、こんなこともありました。

保健所の指導で対策に出かけたのですが、店主は「いや大丈夫だから」といって、作業中にその場を動こうとしてくれません。その店の場合は「漆黒の」というほどではなく、そのまま作業をし、終えてから換気をして一服していると、店主いわく「実は頭にできものがあるので、防カビ剤がかかるといいと思って……」と、とんでもないことをおっしゃいます。あとで聞いたところ、その日を境にできものはすっかり治ったとのことで、それが防カビの副産物かどうかは保証の限りではないものの、今も印象に残っています。

さて、先にあげた「漆黒の工場」では、カビ取り剤の「カビサール」で徹底して漂白し、二次殺菌を行った後、防カビシールを入念に塗布して仕上げました。真っ黒だった天井や壁も、コンクリートのむき出しの風合いまで回復。ただ、工場側としては半信半疑のようで、従来、何度塗装しても半年ももたずに黒くなってしまう繰り返しだっただけに、「まあいいのでは」との消極的な評価です。梅雨時が終わり6カ月経過した時点で、点検にうかがって工場の状態を目視したところ、施工直後よりはるかにきれいになっているのに、私自身も驚きました。

蛍光灯の灯りもまぶしいほどで、案内の女性従業員の方も「黒いカビがすっかり取れて明るくなったのもうれしいけれど、もっと良かったのが毎年、梅雨時にじっとりしていた壁や天井が嘘みたいにさっぱりしたことです」と喜んでおられます。それを聞いて、思わず足取りが軽くなるのを感じました。

このときの経験をもとに、防カビ施工と結露防止の関係をさらに研究し、通産省の建材センターにも各種の試験を依頼。そのデータも用いて工夫を重ねた技法は、その後の1999年に通産大臣による特定新規事業（募集10年間の時限立法、認定事業約200社）の認定を受けるなど、今日に至る大きな財産にもなっています。

カリブの海賊、満月の雲

1991年2月

誰もが知る、東京ディズニーリゾートの人気アトラクションにまつわる話です。水面をすべるボートに乗って、霧の立ち込める海原に出るとロマンチックな光景のなか、あるとき、空に浮かんだ満月にも叙情的な雲がかかっている——それに対し、「とんでもない！　あれは雲ひとつない日の満月のはずだ」とアメリカ本社から来た担当者がいったとのことで、よく調べてみたら実はカビだった、というわけで私どもに除去と防止の依頼が舞い込みました。

直接請け負ったわけではなく、メンテナンスに出入りしている水関係の会社からのお話でした。発見は半年ほど前とのことで、カビそのものの調査は大学によって行われ、目につかない部分でパッチテストは済んでいるとのことですが、当の箇所は月の絵の表面であり、石膏ボードに布を貼って文字通り人間の手で微妙に仕上げられた部分。カビ取りの方法や絵への影響もわからず、最悪は下地からやり直して絵を描き直すことも考えたといいます。

大学での調査によるカビの種類の同定に関しても書類を見せてもらいましたが、デマティィウムとい う見慣れない名前はすでに過去の菌名で、現在はアウレオバシジウム・プルランスという、水系、特にアルコールを扱うところによく発生する黒酵母の一種でした。恐らくは大学でもベテラン、私などからも大先輩に当たる先生がお調べになったのでしょう。恐れ多いことながら、現場の技術は私どもにお任せくださいということで、早速準備に取りかかりました。

調べてみると、他にも通常の建物に出るカビや油絵などにつくカビがありましたが、前にも書いたように作業そのものに菌の同定は必要ありません。王道の耐久性防カビ方法を使うことにし、まずは除カビ剤のカビサールを使用。ただ、水分が画面の布に多くしみこむと糊が剥がれてしまう恐れがあるため、手順にアレンジを加えて先にIPA（イソプロピルアルコール）を無水でスプレーし、カビサールをすぐに中毛ローラーで塗布、漂白して別の中毛ローラーで残った薬剤を吸い取り乾燥させます。その後、防カビシールをスプレーしたのですが、施工の際も全面積を均一に処理するのではなく、上のほうから1m幅でひとつおきにカビ取り作業を行い、月の壁面への固定に影響を与えないよう注意を払いました。

仕上げにはモルシールを定量塗布して完了としましたが、メンテナンスとして2年ごとにモルキラーで二次殺菌を全面散布する取り決めとなり、2年目には実行したものの、4年目にはカビの発生がまったく見られないということで、以後、海賊の見上げる月に雲のかかることはないとのことです。

その後、2007年にアトラクションの全面改修があり、壁画の清掃と防カビを行うことになりました。前の記録から私どもに指名がかかり、施工会社から問い合わせがあったのですが、それによると保存状態が非常によく、カビの被害もなく、ただホコリがあるだけなので、表面のチリ払いをしたあと、予防コーティングをしたいとのこと。カビを取る必要はないので、スプレー仕上げでいいのではないかとのお話です。

モルシールは10年以上の経年で、まず帯電防止効果が低下するため、通常のホコリが表面につくことはわかっていましたので、私どもの基準に合わせてスプレー用の商品をお頒けするのみとしました。実に最初の施工から16年後のことで、はからずも水の上の壁のカビが出たところに、広い面積の防カビ効果が10年をはるかに超える長期間に有効性をもつことが第三者によって証明されたことになります。世界的なテーマパークでの成功事例として、胸を張れる実績を自負するところです。

新築住宅で起きた謎の病気

２００８年５月

口腔内の菌でカンジダといえば、今では誰もが知っているカビなのですが、この菌は酵母型で、通常細菌と同じく単細胞で生活しているのですが、外敵に遭遇したときに急速に菌糸を出し、安全なところへ避難します。

同じような仕組みで、強力な殺菌剤が思わぬ伏兵にあってうまくいかないこともあります。前にも書きましたが、水虫に強力な薬を用いたため、ふつうなら深部に入らない白癬菌がくるぶしのあたりまで一瞬で入り込み、痛さのあまり歩行困難さえ引き起こすこともまれではなく、素人療法の怖さの例に取り上げられることは多いものです。

水虫つまり白癬菌がカビであることを疑う人は、今日ではいないでしょうが、カンジダにせよ、白癬菌にせよ、目には見えないためになかなかカビとは認められないのも事実。人は一般的に目に見えるものだけをカビと認め、表面に現れなければ問題としないことが少なくありません。そのためか、住まいが原因となる病気にはわりと無関心という人も多いのではないでしょうか。

第2章でも書いたように、最近では新築の住宅は外断熱工法で建てられるため、屋内の結露はなくなったものの、それですべてが解決するわけではなく、私が関わった例では新工法で建てられ、強制換気型の半地下のある住宅で入居1年くらいに60歳代後半の女性が原因不明の病気になって入院した例もあります。血液検査の結果、カビが原因の疑いがあり「住宅の改善後に退院を」ということで、調査の依頼を受けました。

実際、新工法の新築ということで、半地下の部屋にもカビが目視できるほど発生しておらず、空中落下菌の測定と各部のパッチテストを実施。そのとき、当然ながら畳を上げて床面などは拭き取り検査をしたところ、畳のヘリに白色・青色のカビが点在しているのが目視できました。落下菌数のほうはといえば、標準はないのですが、他の階やモニターとした別の家の落下菌よりも著しく多いことがわかったのです。

問題は、なぜ空間にそれだけの菌がいたかですが、はっきりした原因は不明。壁の裏側に空間のある換気型の構造であることが原因だとしたら、屋根裏に至る構造中にあった菌が半地下の部屋に吹き溜まったとも考えられます。そこで地下室と1階および収納庫などに全面的な殺菌と防カビを行い、数日後に落下菌の検査を行ったうえで通常の菌数になったことを確認後、ご本人に退院していただきました。

しかし、その後、家に籐の籠に入った鉢植えの花を十数個入れたところ、また症状が再発して入院。そこで鉢はすべて撤去し、また落下菌の検査を行い、異常のないことを確認し、医師とも相談のうえ帰宅したのですが、その帰途に美容院に立ち寄った際、また気分がすぐれなくなったといいます。

このように、カビが関与した病気は簡単には治せず、長引くことが多いようです。本件でも防カビ対策後に快方に向かったのは間違いないのですが、ご本人は完治とはいかず、地下の部屋（畳は撤去しフローリングにしたとのこと）にはなかなか足を踏み入れる気にならないとおっしゃいます。密閉型の家、特にマンションでは畳のカビの問題はきりがないくらいあり、患者であるその女性とお会いした際、最初に退院されたときは顔色がさえない、いかにも病気らしい感じでしたが、1年後、二度目の退院後は唇にも赤みがさして健康そのもののようでした。

今思えば、当初から空気清浄機を使用するのを嫌がっていましたので、落下菌が多かったことと相まって、建材による「化学物質過敏症」だったことも考えられます。建材によるものは防カビ対策により少なからず軽減されることも多いため、今となっては証明することはできません。医師による診断は「過敏性肺臓炎」であったことで、落下菌をくまなく検査同定したのですが、「過敏性肺臓炎」の原因となるトリコスポロンは発見できず、主として見つかったのはアスペルギルスでした。こちらは湿気を好むトリコスポロンに対し、耐乾性に属するため、今でもその疑いを消すことができずにいます。

いずれにしても、快方に向かったからいいようなものの、これが「化学物質過敏症」だったとすれば、その都度に反応するため新工法といってもけっして油断はできません。また、ある設計士によると「和室のほうがトータルでは廉価になるが、カビとダニの問題があるためマンションではできるだけ避けたい」とのこと。きっちりした防カビを施してあれば、問題はないと思うのですが、要は「生えるか生えないかわからないうちに先行投資はしたくない」のでしょう。

私どもでは以前、船橋にRC構造の二階建てアパートの一階を独身社員の社宅として10年間借りたことがありますが、入居時に新畳で防カビ対策を行い、その上に寸法に合わせてカーペットを隙間なく敷きました。その後、入れ替わり立ち代わり若者たちが入って、10年後に引き払うとき、カーペットはやはり相当に汚れていたので廃棄しましたが、その下の畳は入居時のままイグサの香りまであったのには驚いたものです。

これはまぎれもない事実で、家主・仲介の不動産会社の人も驚いていました。立ち退きに際して、敷金が全額戻ってきたのはいうまでもありません。

カビとの出会い――GIGモルテック横山知年社長の回想

私どもモルテックが、除カビ・防カビの分野で今日の地歩を築くことができたのは、そこに多くの方々の熱意とご協力があってのことです。なかでも、実際に現場での施工を請け負う協力会社の存在は、「カビのことならモルテックへ」という業界の高い評価へと直結しています。

ここでは、そのなかでもとりわけ大きな力として、ブランド全体を支えてくれている株式会社GIGモルテックの創業社長・会長である故・横山知年さんの回想を引用。

害虫駆除から除カビ・防カビへと新たに参入された当時の、奮闘の様子をご覧いただきましょう。

＊

2010年　夏

いつものお客様の会社に蜘蛛退治の営業に行っていたとき、部長さんのひと言からカビの仕事にかかわらないといけないことになる。

「あなたは人のカユイところに手が届くような仕事をしているが、カビはどうにかできないのか？」

このひと言に、はっとしたのを記憶している。一瞬あとには「できますよ」と答えていた。今思えばこのひと言で人生が変わったのである。当時は二酸化塩素や触媒の勉強をして野菜などに発生するカビの発生を抑え、鮮度を維持させることを行っていたのもあり、天井に黒く出ているカビを取り除けば、あとは二酸化塩素か触媒でどうにかなるだろう。それで良いぐらいの考えしかなかったのである。振り返れば、無知であるからこそできた返事だったし、無知であったからこそ現在があるのだと、今でも大事にお付き合いをしていただいている当時の部長さん（取締役本部長になられて、のちに定年退職されている）に感謝している。

話は戻るが、この時、施工はどうにかうまくいって、翌月の25日には代金の入金をしていただいた。が、しばらくして現場の確認にいったときのことである。確かにきれいになったはずの天井が、再び真っ黒になっていた。これは大変なことだ。ほっかむりをして帰りたい程ひどいありさまではないか。

一瞬、頭の中が真っ白になった。「何で？　どうしよう、どうすれば良いのか？　お金はいただいている、このままでは信用がなくなる、今までいただいていた仕事も無くなるのでは……」と、こんな時にはさまざまなことが一瞬の間に頭をよぎっていく。しかも、この時点では他にも何店か施工を済ませており、すぐに他のお店にも飛んで行った。幸いにも他の店舗には再発はしていなかったから良かったものの（あとで一部に出るのだが）、すぐに部長さんに会いに行ってお詫びと報告をする。

その時の返事は「どこの施工業者に頼んでも再発をしていたので、あなたに話をしたのだが、あんたでもダメですか」というような内容。お叱りというより、心底がっかりされている部長さんの様子を見て、後にも先にも、これほど申し訳なく、つらいことはなかった。

そこで、「どうしてもこの件を解決したいので、2店舗サンプル店として実験をさせていただけないか」とお願いをしてみたところ、快く了解をしていただいたのが、本格的にカビとかかわるきっかけになった。これからが、カビ対策の本当の始まりである。当時の2店舗の店長さんに協力していただきながら、ネット上で「カビに効く」とうたってある商品をことごとく取り寄せて試してみたのだが、どれも思うような結果が出てこない。頭を悩ませている頃に、ある友人に相談をしたところ「カビに手を出して成功した人はいないから、やめておけ」と言わんばかりの返事である。

こうなると、持ち前の負けん気に火がついた。今までに購入したネット上の販売店に対して電話攻勢をしてみた。「結果が出ない、指示された分量を使用しても効果が出ないのはそちらの責任ではないのか？　このままでは、うちの会社は先方との取引がなくなってしまう」などなど、必死で食い下がる。しかし、販売している会社は「うちの責任ではない」と逃げ口上ばかりで話にならない。最後に「製造元の会社を教えてくれ」と何度も何度も問いただしてようやく教えてもらうことができた。

早速、製造元に電話をした。すると「ネットで販売しているのは一般消費者向けで、事業者向けではない」と返事をもらい納得したのだが、そのとき藁にもすがるような気持ちでどうにか直接取引ができないかと、今までの事情を説明してお願いをし、商品を入れてもらえるようになる。この商品はとても良かったが、どうしても梅雨時になると再発してしまうので、さまざまに作業上の工夫を始めるとともに、製造元であるモルテックの吉田政司さんに宮崎までおいでいただき、現場の状況を見てもらったりしつつ、まさに試行錯誤の連続だった。そのおかげで、サンプル2店の結果も良くなり、発生する原因もわかりはじめて、ポイント的に処理をしてみたり、防カビ処理をした天井材（ジプトン）をカビの発生している箇所の真ん中に張ってみたりと、いろいろな実験をすることができたのである。

堂々と言える内容ではないが、この頃、約6割の得意先店舗で施工後2年以内にカビが再発するというケースが起こっていて、頭の痛い悩みの種であった。

試行錯誤をするなかで、吉田さんの今までの経験のなかに解決の糸口を見出すことになる。

かつて、吉田さんが行った防カビ工事の現場のひとつ、東京は赤坂の秋篠宮邸の侍従官舎でのエピソードをうかがったことがあった。当時、施工作業中に消防ベルが発報してしまい、警察官と消防士たちが門前に集結することとなったという強烈なエピソードに加え、天井裏や壁の内側まで殺菌して防カビ工事をしたという話が、この時の店舗でのカビ対策の解決策につながったのである。

2013年　秋

その年、7回にわたり、九州全県の150以上の店舗を隈なく見て回った。朝早くに出発し、1日10店舗以上を見て次の地域に向かう。娘と一緒に1年で13万㎞も走り回る日々。そこで、なぜカビが生えるのか。どういう場所に、いつ、どのように広がるのか。共通点や問題点を徹底的に洗い出した。

わかったのは、雨の日には窓が曇り、ペンキを塗られた天井から結露が滴るような店舗では、当然カビの再発率が高いということ。これに対して、工法の改良、試行錯誤、そして、何度も通って調査を繰り返したことで、再発率がその年以降ぐんぐん下がっていった。

たびたび店舗に行くと、店長さんや店員さんが顔と名前をおぼえてくださり、「カビの人が来た」と認識していただける。それまでは再発しているのではないかと、いったん何気ない顔で一般のお客さんのように一度店内を見回し、おっかなびっくり確認したうえで搬入口に回ることもあった。再発率が0に近づいていくにつれ、施工を行う私たちも、店長さんたちも、部長さんも、安心感を実感するようになった。

2017年　春

地元九州からスタートした店舗のカビ対策は、再発率が下がっていくことで、ますます多くの店舗にも広がっていくことになった。中国四国地方の店舗からも受注するようになったころ、全国的に照明のＬＥＤ化工事をされている会社から問い合わせをいただいた。「カビに困る声を聞いていたお店で、急にきれいになっていてビックリした。詳しく話を聞かせてほしい」という連絡で、業務提携することとなるまでに長い時間はかからなかった。

施工、営業、そしてチームを支える人材が毎年増えていくなかで、さまざまな問題に向き合っていくうち、ありがたいことにそれを解決し、または手助けしてくれる貴重な人財と協力者に恵まれ続けた。全国展開をすることで、会社はいよいよ大きく成長することとなった。

それまではこちらから発信していく営業だったのが、逆にお客様の方からお問い合わせをいただくケースも増えていった。

＊

この回想にある通り、横山さんとは２０１０年に、ご本人から問い合わせをいただいたのを機に強い絆ができました。ただし、当時の私どもではカビ対策の施工分野としての事業は、すでに「終わった」と考えていました。というのも、すでにマンションや住宅、ホテル、食品工場など、さまざまな施設で工事をやり切ったという思いがあり、再発の例もほぼ皆無という状況だったため、防カビの仕事はピークを越えて、新たな分野での仕事はないだろうと見ていたからです。

しかし、そこへ降ってわいたように横山さんからの問い合わせをいただき、スーパーマーケットの天井がそれほどカビに悩まされているのかと驚きました。以後、横山さんが開拓し、絶大な信頼をいただくことになったイオングループなど、この分野が大きな商圏であることを再認識。わずかに視点を変えることで、まだまだカビに悩む皆さんは多く、そうした方たちのために私どもの技術がお役に立てる、と使命感を新たにした次第です。

２０２１年、会長となっていた横山さんは、安らかに天国へ旅立たれました。それは、全国的に事業を展開し、カビが再発することもなくなり、年商も5億を突破し、株式会社ＧＩＧモルテックを立ち上げ、カビとの出会いから11年目の4月のことでした。

数々の出会いのなかでも、「カビとの出会いのきっかけをつくってくれた部長さん、対策への知恵を惜しみなく教えてくれた吉田さんは命の恩人だ」と語ってくださいました。

「働いてきてくれたすべての人の協力がなければ、自分ひとりでは何もできなかった。みんなのおかげで今があるのだから、感謝の心を忘れてはいけないよ」と、息子さんの真人さんにはいつも言っていたそうです。そんな真人さんが引き継いだGIGモルテックは、会長が亡くなったあともさまざまな問題に直面し、奮闘と試行錯誤を続けています。微生物、カビの問題に悩む方はまだまだ全国に数多くおられますが、その方々に寄り添って問題を解決していく日々はこれからも続いていくことでしょう。

対微生物災害に賭ける夢

2024年6月

第5章ではここまで、およそ半世紀におよぶ防カビ・防菌における私どもの歩みを振り返り、エポックとなる出来事を駆け足で綴ってきました。

私自身、特に印象に残っているのは、業界そのものの黎明期となった1970年代後半、前にもお話しした赤坂のホテルにおける同業者の失敗と、そこから始まる私ども独自の新たな一歩とも呼ぶべき時期のことです。右の失敗で誕生間もない業界全体が、いきなり大きな危機に瀕するなかで、のちに「耐久性防カビ方法」となる独自の技術を研究開発、現場での試行錯誤を繰り返した苦しくも発見に満ちた日々のことは、今も忘れられません。

当時は、日本中のどの大学も「カビ」を専門とする研究室は農学部にしかなく、しかもそこで行われているのは農作物の病害対策や発酵に関することばかり。それ以外のカビや菌については、種類の同定がせいぜいのところで、そもそも「防カビ」という考えがほとんどなかったのが実情でした。大学でさえそんな状態でしたから、家庭でのカビ対策の相談窓口として皆さんが駆け込む地域の保健所となると、とうてい除カビや防カビの適切な方法を教えてもらえるわけがありません。

そうしたなか、10年余りにわたり地元の伊東市での実地施工を経て完成した「耐久性防カビ方法」の特許を登録した私どもは、いよいよ全国区へ市場を開拓するべく、80年代の半ばから各方面に営業を開始。そこで受注したのが、当時、全国津々浦々に職員住宅を保有し、社内に2600人という日本最大の一級建築士集団（大手ゼネコンでさえ数百人から千人ちょっとという時代です）を抱えていたNTT――そこで本格的に取り組みの始まった防カビ事業でした。

公営から民間企業に衣替えしたばかりの同社は、まさに日本を代表するトップ企業であり、ここに認められたというのは大げさにいって「国が認めた」のと同じです。日本中に5万世帯あった職員住宅のうち、関東エリアの1万世帯の防カビ施工の受注が得られたことは、数千万円という金額（日当にして当時最高額の9万円！）以上に「耐久性防カビ方法」そのものへの信頼という点で、今日に至る私どもにとって何よりの〝登竜門〟となりました。

こうして得た最高の実績は、以後、「防カビなら吉田の会社へ聞け」と大手ゼネコンからの独占的な受注へつながり、大手デベロッパーや有名食品メーカー、ホテルや先にあげた東京ディズニーリゾートなどのレジャー施設、さらに各地の発掘遺跡をはじめとする学術分野への協力まで幅広く展開。1996年には改組により現在の株式会社モルテックを設立し、今日に至っています。

近年は、第2章で紹介した食品スーパーで問題化する天井材（ジプトン）の防カビに力を入れ、西日本を中心に全国延べ2000店舗以上のスーパーマーケット（15万㎡では収まらない規模）、病院、美術館などで施工後3～5年の保証を設けて10年を超え、かつて疫学を専門とする先生にいわれた「10年以上のエビデンス」が確立。その間も技術の向上を続け、再発生の事例はほぼ皆無という点は、おおいに誇りとするところです。これと並行して、第4章で紹介したレジオネラ対策を中心とする防菌分野でも、市場からの高い評価と受注実績はまさに他の追随を許しません。

1999年には通産大臣（当時）より「特定新規事業」に登録され、前後して東京都（2件）および千葉県の「中小企業創造法」の認定を受けるなど、優れたビジネスモデルとして公的にも認定。国土交通省の「新技術情報提供システム（NETIS）」の登録もすでに2周目を終える（10年経過）ところで、私ども独自の方法は今や正式な市民権を完全に得たといえるでしょう。

こうした流れのなか、私どもの考えに共鳴し、ともに微生物災害対策へと携わってくれる仲間としての協力会社も増え続けています。なかでも前の項目でご紹介した、宮崎に本社を置く施工会社はその代表格で、もともと害虫駆除を手がけていた前会長から私どもへ「耐久性防カビ方法」の指導を依頼されたのが2011年のこと。以後、10年以上にわたる防カビ施工で全国チェーンのスーパーである「イオングループ」様の篤い信頼を獲得し、全国に広がる支店網を一手に引き受けるなど、その急成長はそのまま私どもモルテックのブランド確立へとつながるものです。

この場合は会社自体に多少のノウハウがありましたが、他にもまったくの知識ゼロ、経験ゼロからスタートし、資金もほとんどない状態から1年ほどの研修の後、防カビ業に乗り出して10年で年商5億円を突破――純利は1億数千万円になるなど、病院におけるカビ対策を中心に目覚ましい成長を遂げている例もあります。また、防カビ以外にもレジオネラ対策に特化し、私どもの防菌剤MZを用いて、大きな成功を収めている経営者の方が現れるなど、年々拡大する対微生物災害市場でモルテックを中心とした企業グループの存在感は増すばかりです。

知識ゼロ、経験ゼロといいましたが、これはその通りで、私どもでは新たに参入しようという方に対しての指導は惜しむところではありません。

ＮＥＴＩＳの定めるところでは、防カビ・防菌の取扱者は私どもが主体となって運営するＮＰＯ法人環境微生物災害対策協会で２日間、薬剤に関する基本的な知識と取り扱いの注意、講習を義務付けていますが、実際はこれに加えて実地の施工方法の細部まで、数カ月から1年にわたる実習指導を二人三脚で実施。これによって責任ある施工を担当してもらえるようになる他、独立後は使用する薬剤を安定して供給するなどのバックアップ体制も充実しており、あとはご本人のやる気と、真剣に学び、吸収する気持ちさえあれば、先にあげたような大きな成功を遂げることもけっして難しくはないはずです。

実際、この本の編集中も市場を取り巻く環境はますます好転しつつあります。一例をあげれば、これまで経済産業省の業種分類で「その他」のなかの「その他」という、いわば「分類不能」に位置づけられていた防カビ業は、新しい業種分類でいよいよ認められる見通しであり、半世紀近くをこの仕事に打ち込んできた私などは「ついにこの日が来た」という思いを強くするばかりです。

とりわけうれしかったのは、本書の編集作業の後半と並行するタイミングで、神奈川県川崎市の経営支援課と公益財団法人川崎市産業振興財団の協力により、以前から進めてきた介護施設のレジオネラ対策事業の一環である浴槽洗浄がいよいよ本格実施の運びとなったこと。施工を行った各施設からは「これで安心して入浴してもらえる」「デリケートな高齢者の生命を守る意義のあるお仕事ですね」と感謝の声を次々にいただいており、この大きな一歩をきっかけに、これからは各自治体などの公の仕事がさらに拡大する手ごたえをひしひしと感じています。

今後の動きとしては、各自治体の悩みにお応えするべく、一般社団法人を設立。レジオネラ対策を中心とする防菌のための製品や技術の、さらなる発展と普及をめざしていく所存です。

振り返れば、初めて防カビの分野に足を踏み入れて半世紀近く、対レジオネラに取り組んで20年近い年月を経て、あらためて思うのは日々現場での作業から学ぶこと、その積み重ねの大切さです。これまでの章でも触れたように、カビや細菌による被害は個別に対応するのではなく「微生物災害」として、一体としての対策を考え、実施する必要があります。そのためには、専門ごとに分かれた研究室や役所の窓口の発想による〝タテ割り〟の発想から、実地の体験に基づく思想へと技術のあり方を変えていくべきではないでしょうか。

カビそして細菌は、それ自体がいまだに大きな謎をはらむ未知の世界であり、おのおのの境界領域には新たな災害の種が今も確実に生まれつつあります。それだけに、何年を経ても、何歳になっても、飽きるどころか毎日の仕事が楽しくてならないのが正直な想いです。そんな私のこれからの夢は、未来へ向けて私どもと一緒に歩んでくださる新たな仲間が増えること――それはまた、この分野のビジネスとしての大きな可能性であり、ここまでお読みいただいた皆さんがそのお一人になることを、心から願ってやみません。

資料

耐久性防カビ方法の実際

カビが広がったスーパーの天井

耐久性防カビ方法により見違えるほどきれいになった天井

モルテックの認定情報一覧

特許

特許第1451611号	耐久性防カビ方法
特許第2060821号	殺菌剤組成物及び殺菌剤の製造方法
特許第2079267号	防カビ殺菌塗料組成物
特願平8-157838号	壁内部の結露除去・防止方法
特許第3382112号	ホルムアルデヒド除去作用を示す抗菌防カビ組成物及びホルムアルデヒドの除去方法
特願平10-309011号	防虫用組成物及び防虫方法
特許第3074597号	消臭剤組成物及び消臭剤の製造方法

特定新規事業

平成一一・一二・二四産第九号　第191号	建築物のカビ防除システムの製造・販売

新技術情報提供システム　(NETIS：国土交通省のデータベースシステム)

KT-120063-A	プロバクター工法

中小企業の創造的事業活動の促進に関する臨時措置法に基づく研究開発等事業計画に関わる認定

労経計計創第300号	住環境・結露防止及び防カビ工事

中小企業の創造的事業活動の促進に関する臨時措置法に基づく研究開発等事業計画に関わる認定

9労経計計創第601号	水質用抗菌活性剤の製品化

	会社、周辺環境に関する出来事		社会の出来事	
		ミルドゥ産業の清算		古畑教授、日本防菌防黴学会研究奨励賞を受賞 愛媛県在宅介護研修センター設立
			8 月	厚労省、公衆浴場における衛生等管理要領の改正 「塩素以外の適切な消毒方法」認める
	5 月 9 月	新築住宅の問題 防臭抗菌剤組成物及び防臭抗菌剤組成物の製造法の特許出願	9月15日	リーマン・ショック
			7 月	家洗工（日本家庭用洗浄剤工業会）が統合
			3月11日	東日本大震災
			11月	(一社) 建環住宅推進機構の設立 厚生労働省、循環式浴槽におけるレジオネラ症防止対策マニュアルの改正「塩素以外の適切な衛生措置・塩素系以外の消毒方法を使用できる」
				静岡県、レジオネラ関連、県条例にモノクロラミン消毒の追加 熊本地震
				厚生労働省、旅館業における衛生等管理要領の改訂
				厚生労働省、公衆浴場における衛生等管理要領の改正
				神奈川県、レジオネラ関連、県条例施行 厚生労働省、循環式浴槽におけるレジオネラ症防止対策マニュアル、公衆浴場における衛生等管理要領の改正
				新型コロナウィルスの流行
	12月16日	和楽館、レジオネラ対策実施	10月	ノーベル化学賞「クイックケミストリー」
	1月18日	春日会、レジオネラ対策実施		

西暦	年号	社歴			会社、周辺環境に関する出来事	
		モルテック	微対協	ミルドウ		
2004	平成16	9	1	17	10月28日	NPO法人環境微生物災害対策協会設立 愛媛県研修所のレジオネラ対策を実施
2005	平成17	10	2			
2006	平成18	11	3			この頃NPOで厚生労働省に働きかけた。厚生労働省、塩素一辺倒ではなく、適切な消毒方法で殺菌するレジオネラ症防止指針を通達
2007	平成19	12	4		2月	ディズニーランド、改修時に防カビ効果確認
2008	平成20	13	5		8月6日	マルオクリエイト事件でカビ問題の専門家として問題解決に協力
2009	平成21	14	6			レジオネラの生息域と生命力（平成21年以降）
2010	平成22	15	7		3月25日	配管洗浄殺菌剤組成物の特許出願 書籍『カビを防いで快適生活』の発売開始
2011	平成23	16	8			
2012	平成24	17	9		10月12日	プロバクター工法がNETISに登録
2013	平成25	18	10			
2014	平成26	19	11			
2015	平成27	20	12			
2016	平成28	21	13		9月8日	一般社団法人日本防菌・防カビ対策協会の設立
2017	平成29	22	14		10月13日	水耕パネルの洗浄装置および洗浄方法の特許出願
2018	平成30	23	15			
2019	平成31 令和 1	24	16			モルテック本社移転
2020	令和 2	25	17			
2021	令和 3	26	18			
2022	令和 4	27	19			川崎市、麻布大学との産学官連携を開始
2023	令和 5	28	20			
2024	令和 6	29	21			モルキラーMZの低濃度測定方法を公開。20年間の証明を経て

会社、周辺環境に関する出来事		社会の出来事	
2月	塗膜剥離剤の特許出願		
7月	大成パルホーム東部/大木山山荘・パルコン工事実施		東京都渋谷区でレジオネラ症の日本初の集団感染発生
12月	消臭剤組成物および消臭剤の製造方法の特許出願	1月17日 3月20日	阪神淡路大震災 地下鉄サリン事件
6月 8月	壁内部の結露除去・防止方法の特許出願 東京都中小企業創造法認定 特許技術「殺菌剤組成物及び殺菌剤の製造法」、「防カビ殺菌塗料組成物」の登録		堺市学童集団下痢症（O-157に集団食中毒で9523人が感染し3人の児童が死亡）
 8月	自衛隊入間基地でレジオネラ対策の実施 ホルムアルデヒドの除去方法の特許出願		アジア通貨危機
12月 10月 4月	防菌防カビ剤組成物の特許出願 防虫用組成物および防虫方法の特許出願 ディズニーランド　ミッキーマウスレビュー		花王「カビハイター」の発売開始
12月27日 4月 11月	特定新規事業の認定 木村屋総本店、柏工場 鈴廣かまぼこ、風祭工場	2月	書籍『快適で健康的な住宅に関するガイドライン』の発売開始
10月	循環式水槽システムの洗浄方法及び循環式水槽システム用洗浄剤組成物・殺菌・消毒液の特許出願	3月・5月	静岡県掛川市、茨城県石岡市でレジオネラ症の感染発生の届出 厚生労働省、公衆浴場における衛生等管理要領の発出
	日本防カビ業協同組合の設立	9月	東京都板橋区でレジオネラ症の発生の届出 厚生労働省、循環式浴槽におけるレジオネラ症防止マニュアル発出（塩素殺菌を行う旨）
12月20日	特許技術「ホルムアルデヒドの除去方法」の登録	7月18日	宮崎県、レジオネラ症集団感染 第154回国土交通委員会、建築基準法等の一部を改正する法律案（内閣提出第58号）の附帯決議（14.6.28） 八、化学物質による室内空気汚染問題について、今後とも、関係省庁が連携して、原因分析、基準設定、防止対策、情報提供、相談体制整備、医療・研究対策及び汚染住宅の改修等に関する総合的な対策を推進すること。あわせて、カビ、ダニ等に由来する室内空気汚染による健康被害及びその対策についても、その調査研究を推進すること
	厚労省、塩素による殺菌提唱 静岡県、レジオネラ対策でモノクロラミン消毒を推進	9月1日	千葉県レジオネラ対策の県条例施行 建築基準法の改正 新型肺炎SARS 公衆浴場における衛生等管理要領の改正（塩素消毒の徹底）

西暦	年号	社歴			会社、周辺環境に関する出来事	
		モルテック	微対協	ミルドウ		
1992	平成 4			5	5月 9月	細菌学的試験 殺菌効力試験の実施
1993	平成 5			6	3月	殺菌剤組成物及び殺菌剤の製造方法の特許出願
1994	平成 6			7	3月18日	分析試験の実施
1995	平成 7			8		
1996	平成 8	1		9	3月18日 4月 11月 12月	モルテック設立 長崎県市営住宅、工事実施 レジオネラ対策、製品開発に着手 分析試験の実施
1997	平成 9	2		10	2〜4月	急性経口毒性試験、殺菌効果試験の実施 千葉県・東京都中小企業創造法認定 有明町/竜王崎古墳群・三内丸山遺跡、工事実施
1998	平成10	3		11	7月7日 2月 3月	皮膚一次刺激性試験の実施 森ビル観光/ラフォーレ修善寺、工事実施 はごろもフーズ改修工事 ジースクエア、新築マンション工事
1999	平成11	4		12	1月・3月 2月 3月	カビ抵抗性試験、急性経口毒性試験の実施 米久本社工場、工事実施 はごろもフーズ焼津工場
2000	平成12	5		13	12月20日	**特許技術「消臭剤組成物および消臭剤の製造法」の登録**
2001	平成13	6		14		衆議院議員の協力で厚労省健康局生活衛生課の担当者と議員会館で協議（一度目4月23日） 厚労省健康局生活衛生課との協議（二度目8月27日） 厚労省、レジオネラ菌対策におけるモルテック製品が効かない知らないなどと言及しない確約
2002	平成14	7		15		レジオネラ属菌検査（有料）をはじめる
2003	平成15	8		16		

会社、周辺環境に関する出来事		社会の出来事	
		5月23日	防菌防黴研究会から日本防菌防黴学会に名称変更
		12月27日	米フィラデルフィア、アメリカのコンベンションセンターでレジオネラ症の集団感染（在郷軍人会、職員など221人が原因不明の肺炎にかかり、34人が死亡。原因菌を在郷軍人会（レギオン）からレジオネラと名付けられる）
		4月	大谷先生、東京大学医科学研究所附属病院第11代病院長に就任 書籍『微生物災害と防止技術』の発売開始
		1月	書籍『からだを守る』(大谷杉士著）の発売開始
			第2次オイルショック 書籍『建物のカビ　その発生と処理方法』の発売開始（6月20日）
6月	逃げる細菌	4月1日	書籍『菌類と人間』の発売開始 日本初のレジオネラ症の発症確認
4月	捨て猫と防カビ剤		書籍『カビの科学』の発売開始
		7月 11月	ジョンソン「カビキラー」の発売開始 日本住宅会議の設立
	山梨の風呂		東京ディズニーランド開園 赤坂プリンスホテル新館開業
4月	湖と沼の甲州盆地にできた新しい町と工場で		
		8月22日	書籍『防菌防黴事典』『防菌防黴ハンドブック』の発売開始
5月 7月	漆黒の食品工場 耐久性防カビ方法の特許公開		家庭用カビ取り剤・防カビ剤等協議会の設立
	NTTで防カビ工事の標準仕様に採用 (3000戸以上施工実施)		清水建設「結露対策」の発行
			書籍『微生物辞典』の発売開始
8月	防カビ殺菌塗料組成物の特許出願 (有限会社モルテック)		
9月	那須ゴルフ25、ホテル棟、工事実施		

モルテック関連年表

西暦	年号	社歴			会社、周辺環境に関する出来事	
		モルテック	微対協	ミルドゥ		
1975	昭和50					この頃大谷先生（当時東京大学医科学研究所附属病院の副院長）が泊まりに来る 「これからは微生物技術の時代が来る」
1976	昭和51					
1977	昭和52					
1978	昭和53					
1979	昭和54					
1980	昭和55				4月	吉田政司、井上微生物災害研究所で学ぶ サン防カビ研究所の創業、カビサールの開発 天城の別荘・ラフォーレ修善寺で工事受注
1981	昭和56					
1982	昭和57				12月28日	耐久性防カビ方法の特許出願
1983	昭和58				6月	横浜銀行事務センター（大成建設）で新築工事実施
1984	昭和59				3月	吉田政司、住宅会議「正しい防カビ技術の普及を」の発表
1985	昭和60					
1986	昭和61				3月18日	急性経口毒性試験実施
1987	昭和62				8月 11月	NTTの社宅での防カビ工事を実施 ホテルオークラ、スチームバス工事実施 総合的防カビ・防蟻方法の特許出願 東京進出
1988	昭和63			1	7月25日	**特許技術「耐久性防カビ方法」の登録** ミルドゥ産業の設立
1989	昭和61 平成1			2	1月	鹿島建設/那須竹井美術館の工事実施
1990	平成2			3	4月	鹿島建設/森ビル 御殿山ヒルズホテル工事実施
1991	平成3			4	2月	ディズニーランド、カリブの海賊、満月の雲 モルキラーの商標登録

〈著者紹介〉
吉田政司（よしだ まさし）
1932年生まれ。1980年から静岡県でカビ対策の事業をはじめる。サン防カビ研究所、ミルドゥ産業株式会社、株式会社モルテック、NPO法人環境微生物災害対策協会で研究開発、検査、教育活動に携わる。2010年に書籍『カビを防いで快適生活』（幻冬舎ルネッサンス）を出版。

信頼《しんらい》の技術《ぎじゅつ》で勝《か》つ！
防菌《ぼうきん》・防《ぼう》カビ
ビジネスの成功戦略《せいこうせんりゃく》

2024年7月31日　第1刷発行

著　者　　吉田政司
発行人　　久保田貴幸

発行元　　株式会社 幻冬舎メディアコンサルティング
〒151-0051　東京都渋谷区千駄ヶ谷4-9-7
電話　03-5411-6440（編集）

発売元　　株式会社 幻冬舎
〒151-0051　東京都渋谷区千駄ヶ谷4-9-7
電話　03-5411-6222（営業）

印刷・製本　中央精版印刷株式会社
装　丁　　江草英貴

検印廃止

ISBN 978-4-344-94547-0 C0034
幻冬舎メディアコンサルティングＨＰ
https://www.gentosha-mc.com/